トヨタ生産方式の海外移転手法の解析

ケーススタディ　ブラジル自動車産業

【編著】塚田　修　TSUKADA Osamu

東京　白桃書房　神田

はじめに

本書は，文部省科学研究費補助金プロジェクト「グローバル化を支える技術移転の在り方に関する研究―自動車産業のブラジル展開―」（2013-2018）で実施した調査研究の成果を取りまとめたものである。本プロジェクトを立ち上げたときの問題関心は，2000年代に入って，特にリーマンショック以降の厳しい情勢の中で，新興諸国の経済発展に着目し，果たしてその発展がどのような内実を持ち，それが新興諸国の近代化にどのように結び付くのか，これらの点を明らかにするうえで，先進諸国から新興諸国への技術移転の在り方に焦点をあてて掘り下げることを目的としていた。

本プロジェクトが具体的な分析対象として，ブラジルを取り上げた理由は，もちろん，プロジェクトリーダーがブラジルに造詣の深い塚田修氏であったからであるが，その当時，これと並行して進められていた，「自動車産業におけるグローバル・サプライヤーシステムの変化と国際競争力に関する研究」（本プロジェクトと一部メンバーが重複，代表清晌一郎，2011-2016）との棲み分けと協力関係が想定されたからに他ならない。このプロジェクトは，特にリーマンショック後の日本自動車産業のグローバル展開の特質を解明しようとするものであって，その主たる関心はリーマンショック以前の中国から，次第に投資対象が東南アジア，インドに展開していく動向をフォローし，併せて北米および欧州までを視野に観察するものであった。すなわち，東南アジア・インド・欧米を視野に収めたプロジェクトとブラジルに焦点を置いた本プロジェクトとの緩やかな連携は，自動車産業グローバル展開の全体像を理解する上で非常に有益であった。

2013年4月から立ち上がった本プロジェクトは，ブラジルへの深い見識とリーダーシップを備えた塚田氏のエネルギッシュな取り組みによって駆動された。プロジェクトメンバー全体での二度にわたる渡航の他，塚田氏の毎年のブラジルへの渡航調査と，現地での人脈の拡大によって，ブラジル現地での調査実施企業は60社にまで拡大し，大きな成果を生みだしつつあった。しかし他方，調査研究が進み始めると，予想以上に事態は複雑であることが次第に明らかになり，とりまとめの道筋はなかなかまとまる気配を見せなかった。その理由は，何よりもブラジルの市場が極めて特殊であり，その分析は，単に自動車産業や部品産業，あるいはその基盤たる機械・金属産業のみならず，2000人の大地主が全土を分割所有するという土地所有の特殊性，それに伴う富の偏在や労働運動の社会的影響力の大きさ，あるいは永年にわたる欧州と日本からの移民の蓄積など，ブラジル社会の歴史と深く結びついた特殊な状況全体にまでかかわらせて進めることが求められたのである。

我々のチームは，経営比較（塚田），自動車部品産業分析（北原），企業間取引関係（清），雇用・労働システム（田村），製品開発（伊藤）など，それぞれの専門分野をカバーしていたが，それでもブラジル現地での研究者，実務家との連携が不可欠だった上に，必要な分析を行うためには，さらに本格的な研究を準備する必要があった。それ故に，「日本企業の支配下にあるタイと，西欧企業の支配下にあるブラジルとの比較研究」，といった魅力的なテーマが議論の俎上にのぼったが，実際にはこれに手を付けることすらできなかった。

このような調査研究上の困難は，プロジェクトの最終とりまとめ結果としての本書の構成にも大きな影響を与えることになった。「グローバル化を支える技術移転の在り方に関する研究―自動車産業のブラジル展開―」という直接のテーマに入る前に，何よりもブラジル市場の特質，その独特の発展の経緯とその諸結果について叙述することがまず求められ，それは，下記のように本書の前半部分，第Ⅰ部「ブラジル自動車産業の概観」に，ブラジル自動車産業に固有の事情を解説することになった。

第Ⅰ部　ブラジル自動車産業の概観
第1章　ブラジルの自動車産業の現状
1-1　ブラジルを研究対象とした理由
1-2　ブラジル輸送車両産業の現状

はじめに

1-3　日系と欧米系乗用車メーカーの市場動向
1-4　部品サプライヤーの概要
1-5　自動車販売店と顧客満足
第2

固有環境
2-1　ブラジル自動車産業政策
2-2　ブラジル・コスト
2-3　雇用制度と労働組合
2-4　ブラジルのフレックス燃料車
2-5

関連教育機関
2-6　ブラジルの生産性向上活動

上記の前半部分は，第1章，ブラジルの自動車産業の現状から始まって，第2章ではブラジルの自動車産業政策，ブラジル・コストと呼ばれる高価格体系と外国と途絶した孤立的な市場構造，その基盤たる労使関係，そして有名なフレックス燃料の問題など，多岐にわたるブラジル固有の諸問題が取り上げられている。これらの分析に際しては，ブラジル連邦大学UFABCのUgo Ibusuki教授，ジェツリオヴァルガス大学（FGV）Luiz Carlos Di Serio教授，およびAlexandre de Vicente de Bitter，Carlos Sakuramoto各氏の他，Emilio Carlos Baraldi博士，Erik Pascoal教授と，多くの研究者に調査活動と執筆の協力をいただいた。また調査票のポルトガル語翻訳と集計に関しては，Eduardo Hasegawa氏にもご協力いただいた。なかでもダイムラー社購買での勤務を経て，後に大学に移られたUgo Ibusuki氏は，事実上，我々のチームの有力な一員であった。

さて以上の本書前半部分を前提として，後半部分では，本来のプロジェクト・テーマである「グローバル化を支える技術移転の在り方に関する研究」が取り上げられた。ここでの「技術移転」の内容は1980年代以降，全世界で注目され，その研究と移転が図られた「リーン生産方式」のブラジルへの移転の実態分析に焦点が当てられている。いわゆる「リーン生産方式」が，日本的生産方式を基盤とし，それに触発されて，展開された合理化運動或いはその様式であることは周知のとおりである。これらを総称して「リーン生産方式」と呼んだ上で，全世界で進むこの合理化運動について，改めて「日系企業」と「欧米系企業」では，その取り組みにどのような違いがあるか，これが本書第Ⅱ部「移転手法の解析」の焦点なのである。その構成は以下のとおりである。

第Ⅱ部　移転手法の解析
第３章　リーン生産方式移転研究の背景と目的
第４章　リーン生産方式移転に関する理論的背景
第５章　コミュニケーション理論による移転のメカニズム
第６章　部品サプライヤーの移転比較調査
第７章　調査結果の分析
第８章　調査結果の考察と提言

以上の後半部分は，塚田修氏による精力的な作業の結果であるが，この中で氏はまず，第3～5章で研究の目的，理論的背景，移転メカニズムの整理を行い，いわゆる「リーン生産方式」をめぐる内外の研究者の議論を包括的に紹介した上で，論点を整理されている。膨大な労力を伴うこれらの成果は貴重であるが，この叙述を踏まえて氏は，第６章以下，調査内容，調査結果の分析，分析結果の考察を展開する。この中で，本書の最もすぐれた内容として取り上げなければならないのは，2013年から18年まで，５年間にわたって実施された，日系，欧米系を含む約60社ものブラジル進出企業に対するインタビュー調査結果の紹介である。ここでは分析結果だけではなく，日系９社，欧米系11社のインタビュー・ノートも簡明に要約・紹介されていることを付け加えておきたい。

以上の分析の結果の内容は本文のとりまとめにお任せするが，本書が最も注目しているのは，2013～2018年の調査期間において，日系のトヨタ，日産，ホンダ各社がいずれもシェアを拡大しており，この成果と自動車メーカー・部品メーカーの生産現場での合理化運動の取り組み内容を対応させた際に，その因果関係はどのように考えられるか，この点にあった。その結果を見ると，明らかに日系企業と欧米系企業の取り組みには差異が認められ，これが折からの新モデル投入や市場へのテコ入れと相まって，製品の品質や信頼性を高め，市場拡大につながる好循環を生み出したものと推察できる。その意味で，日本企業のパフォーマンスは高いものだったと本書は評価している。

問題は，その後のブラジル経済をめぐる急激な変化である。本プロジェクトが実施された2014～2016年にかけて景気は後退，2017年には2年ぶりのマイナス成長からの脱却，1％成長を記録した。この間の経済失速は，2003年以来政権を握ってきた労働党政権のバラマキ政策による財政危機などが，その原因として指摘されている。こうした中で労働党政権に対する反発，汚職を契機とした大統領弾劾を経て，2019年1月1日，親米右派のボルソナロ大統領が就任した。緊縮財政，自由貿易と市場開放の他，銃規制の緩和もテーマになっている。このような政治・経済環境の変化が景気動向や市場の在り方，産業政策にどのような影響を与えるのか，注目する必要がある。

21世紀に入ってブラジル経済は，中国の巨大な成長にけん引された鉄鋼需要の伸びなどで堅調に推移してきた（販売台数：2000年168万台⇒2013年374万台）。しかしこの成長にも限界が見える中，一方では中国製の安い金型輸出によってブラジル金型工業は企業数を半減させるなど，深刻な事態に陥り，他方で市場の成長の中で日系企業がシェアを拡大し，長い間市場を支配してきた欧米系企業との競争が激化しつつある。緊縮財政による景気後退，市場開放による外国市場との接合・競争激化，これらがブラジル自動車産業にどのような影響をもたらすか，予断を許さない。これらのテーマについての研究は，今後の課題であろう。本書は，これらの新しい課題に挑戦する際のイントロダクションとして，大いに活用されることを希望する。

2019年4月30日

清　　晌一郎

謝　辞

本研究は日本学術振興会の支援を得て，平成 25 年度科研費基礎研究（B）「グローバル化を支える技術移転の在り方に関する研究―自動車産業のブラジル展開―」として開始することが出来た。この場を借りて，この研究の機会を与えて頂いた日本学術振興会に感謝したい。この研究費がなければ，ブラジルまでの渡航費を含む極めて高価な費用は捻出することが出来なかった。

また，この研究期間中，6 度の全体会議を通じて様々なご意見やアドバイスを頂いた共同研究者の皆さまに感謝したい。

関東学院大学　清晌一郎名誉教授
関東学院大学　中泉拓也教授
京都産業大学　北原敬之教授
武蔵大学　　　伊藤誠吾准教授
愛知東邦大学　田村　豊教授

である。

さらに，ブラジル訪問時，さまざまな形で研究について支援し，アドバイスを頂いた，

ジェツリオヴァルガス大学（FGV）教授　Luiz Carlos Di Serio
ブラジル連邦大学 UFABC 教授　Ugo Ibusuki

に心から感謝の意を表したい。

最後に，調査票のポルトガル語翻訳と集計に協力してくれた Eduardo Hasegawa 氏に感謝する。

2019 年 4 月 30 日

編著者　**塚田 修**

目　次

第2章　ブラジルの自動車産業の固有環境―― 33

第Ⅱ部　移転手法の解析

第 I 部

ブラジル自動車産業の概観

第1章 ブラジルの自動車産業の現状

1-1 ブラジルを研究対象とした理由

2017年の国連加盟国は193カ国であるが，本研究の対象としてなぜブラジルを選んだかについて簡単に説明しておきたい。第1に，本研究がスタートした2013年頃は，BRICSブームの最盛期であったことである。当時は図表1-1のように先進国の成長率が落ち，新興国，特にBRICSと呼ばれる5カ国の成長が大いにマスコミの関心を引き付けていた。ブラジルの成長率は，2010年7.54%，2011年3.99%，2012年1.93%，2013年3.01%であった（通商白書，2017）。日系企業各社も投資拡大の好機ととらえていた。2013年東京でJETRO主催の自動車産業ブラジル投資セミナーが開催された。ブラジルは日本の自動車産業にとり将来成長の可能性のある有望市場であった。

第2に，180万人という世界最大の日系人社会がある点である。ちょうど地球の真反対の地にこのような親戚国があることは驚きである。ブラジルから日本へ多くの日系人が出稼ぎという名で仕事に来ていて交流がある。この出稼ぎという言葉は少し下に見たようで失礼な表現のような気がするが，2018年はちょうどブラジル日本移民110周年で祝賀会が開催されている。トヨタが最初の海外工場をブラジルに設立した理由は，このような歴史的背景がひとつの要因であるかもしれない。

第3に，個人的なことで恐縮であるが，筆者は1976年から1年半ブラジ

図表 1-1　世界の実質 GDP 成長率の推移

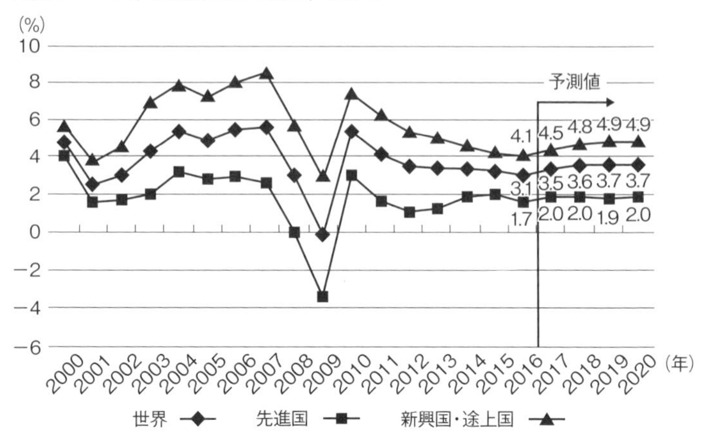

出典：通商白書（2017）
http://www.meti.go.jp/report/tsuhaku 2017/2017 honbun/i 1110000.html

ルで仕事をしていた。ドイツの工作機械会社のサンパウロ工場で働いていた。当時はブラジル経済の奇跡と呼ばれる時代で，日系企業が大挙してブラジルへ進出していた。その後 2010 年から 4 年半スイスの多国籍企業のコロンビア支社，そしてチリ支社で勤務したこともあり，南米に親近感があったことが大きな理由かもしれない。

ともあれ，世界有数の農業大国であるブラジルは豊富な食料の生産国である。日本は食料自給率が低い点を考えると，相互補完関係にあり良い組み合わせかもしれない。また移民により多くの歴史的関係があるにもかかわらず，南米は日本にとり地理的には最も遠い国である。この地政学的に見れば最も遠い国を知ることは，日本の将来にとって大切なことになる可能性があると筆者は考えている。

1-2　ブラジル輸送車両産業の現状

ブラジルの自動車産業の大きな特徴は，ほとんどすべての外資多国籍企業

図表 1-2　ブラジルの輸送車両販売台数

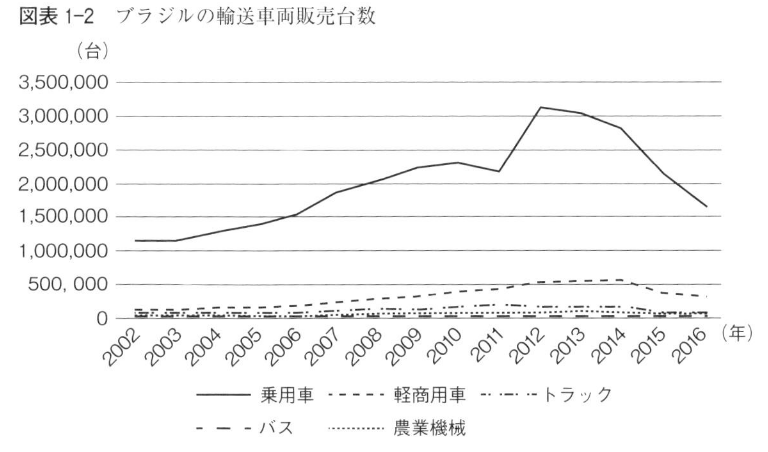

出典：ANFAVEA（2017）

（31社）が参入しており，一部の車体メーカーを除くと国産メーカーがないことである。

外資多国籍企業としては，AGCO，AGRALE，AUDI，BMW Group，CAOA，Catapilar，CHHI（Iveco），DAF，FCA，Ford，GM，ホンダ，HPE，三菱，スズキ，Hyundai，International，Jaguar/Land Rover，John Deer，コマツ，MAN，Mercedes-Benz，日産，PSA，Renault，Scania，トヨタ，VW，Volvo である。最近は中国メーカーの進出も始まった。

ブラジル自動車工業会（ANFAVEA）は，ブラジルに存在する，乗用車，軽商用車，トラック，バス，そして農業機械の5種類の輸送機械についての工業会である。これら5種類の販売台数についての2002年から2016年までの動向を見てみよう。

これら5種類の詳細については，後述するが，ここでは，ごく大まかな説明を図表1-2を基にしておこう。乗用車は，2002年以降順調に増加し10年間で約3倍となり，2011年215万台と一時低下したものの2012年375万台を達成し，このピーク時で世界第4位の自動車市場となった。その後，急落を続け2016年は210万台と，4年で半減していることが分かる。2012年当時は，近い将来に600万台も射程内との超楽観的な沸騰状態で各社が積極的投資をしていた。しかし結果は思わぬ急落で，新興国の市場の不安定さをまざまざと見せつけた悪夢であった。

ブラジル市場の特徴は，乗用車，トラックの生産企業はすべて外資系であり，ほとんどすべての外資系がブラジルへ進出していることである。バス産業では地場資本も活躍している。南部のリオ・グランデ・ド・スル州に本社を置くマルコポーロは，Volvo，VWが製造した基本構造の上に，ボディや座席を載せる車体メーカーであり，2009年時点では，ブラジルにおけるバス市場2万2000台のうちの約4割を占め，海外にも進出している。トラック，バス，農業機械を生産・販売するAGRALEはブラジル企業といわれる。

農業機械分野を見てみよう。ANFAVEAの統計では，農業機械は4種類からなる。車輪型トラクター，キャタピラ型トラクター，モーター付き耕耘機，そして穀物収穫機である。1950年から2005年の55年間で，ブラジルの人口は5100万人から1億8000万人までに増えた。この増加率は，毎年2%の人口増加である。『現代ブラジル辞典』（2016）によれば，このような食料需要の増大を背景に，ブラジルは農業生産の増大のために，さまざまな政策を取ってきた。「真正の緑の革命」と呼ばれる運動が展開され，農業ビジネス複合体が創出された。だが農地の拡大は，一方で，アマゾンを含む森林地帯の環境破壊をも容認したという負の側面もあった。ブラジルの輸出品目の上位に入るものは，2006年時点では，大豆および大豆関連製品（94.7億ドル），食肉（86.4億ドル），林産品（78.8億ドル），砂糖・エタノール（77.7億ドル）と続く。これら農産物の輸出金額は494.2億ドルに達し，ブラジルの輸出金額の36%を占める。大豆に関していえば，米国に次ぐ生産量を誇る。この数字は，世界の大豆の生産量の約4分の1を担っている。多少極端な言い方をすれば，ブラジルの農業は国際競争力をもつ数少ない産業のひとつであるといえる。

1-3 日系と欧米系乗用車メーカーの市場動向 —OEM—

2013年以降，自動車業界は未曾有の販売不振に見舞われている。この状況を，まずメーカー（OEM）を中心に，歴史的に先行して市場シェアを押さえている欧米系4社，Fiat，GM，VW，Ford，後発の日系3社，トヨタ（トヨタは1957年設立で先発欧米系企業と変わりないが，当初はトラックカテゴリーのみの生産であった。1998年以降カローラで乗用車に参入という意味で後発），ホンダ，日産を図表1-3で見てみよう。

欧米系4社は，2002年以降漸減の傾向にあり，特に2012年以降の落ち込みが激しい。2002年の92%から2016年55%まで14年間で37ポイント近いシェアの低下になっている。その間，特に2012年以降2016年までに20ポイント近い低下を示している。2012年に急激な不況に突入後，一気にシェアを落としたということになる。

一方，米系のFordとGMの2社は，善戦しているといえよう。Fordは2004

図表1-3　欧米系（4社）と日系（3社）の市場シェア動向

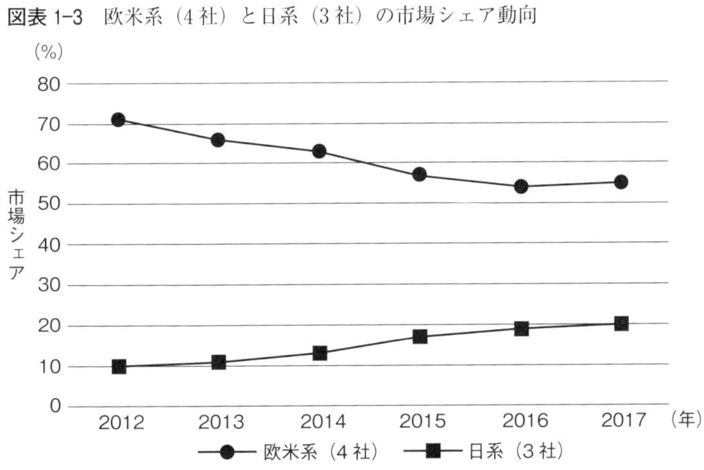

出典：ANFAVEA（2017）

年以降多少の上下はあるにしてもほぼ11％から14％の間に収まっている。GMは2002年以降一貫してシェアを落としてきていたが，2015年以降ブラジルでNo. 1のシェアを占めるに至っている。

日系企業3社について見てみよう。トヨタが2012年以降急伸し，4年間で3％から9％と，シェアを3倍にしていることが分かる。ホンダは2002年以降シェアを伸ばし，特に2015年に5％から8％へ増加，日産は市場参入が2009年と最も新しく，2016年には4％までシェアを伸ばしている。3社の合計生産台数は36. 2万台（2017年）で，全体に占める割合は約20％に過ぎないが，3社は，ブラジルでの生産を着実に拡大しつつあり，今後の躍進が期待される。

次にトヨタとVWにフォーカスしてみよう。この2社の動向は極めて興味深い。世界市場においてVWは2016年にトヨタを抜いて世界一の販売台数を達成した。トヨタとVWはそれぞれ2016年中国市場で約12％の成長を遂げたが，その年の販売量がVW約300万台，トヨタ100万台で増加台数が36万台と12万台と差が出た。トヨタはこの中国市場での差が大きく，販売台数世界第1位の地位を失ったが，ブラジルではどうであろうか。2002年販売台数に占める割合はトヨタは2％，VWは27％であったが，その後その差は徐々に埋まり，2017年トヨタは8％，VWは12％とその差4ポイントとなっている。特に2012年以降の急激な市場の縮小の時期の4年間のトヨタの増加とVWの低下は極端になっている。

1-4　部品サプライヤーの概要
—Tier 1—

1-4-1　ブラジルサプライヤーの全体像

前節はメーカーに関する説明であったが，部品サプライヤーはどうであろうか。ほとんどの部品サプライヤーはSindipeçasという工業団体に所属しているので，このSindipeçasの2017年報告書から全体像を把握しておくこ

図表 1-4　部品サプライヤーの立地州の比率

州旗										
州名	サンパウロ	ミナス・ジェライス	パラナ	リオ・グランデ・ド・スル	サンタカタリーナ	バイーア	リオデジャネイロ	アマゾナス	ペルナンブーコ	セアラー
企業数	391	64	32	30	26	18	11	8	8	2
比率	66.27%	10.85%	5.42%	5.08%	4.41%	3.05%	1.86%	1.36%	1.36%	0.34%

出典：Sindipeças e Abipeças (2017)

図表 1-5　サプライヤーの資本構成

(2016年, %)

外資系	Capital estrangeiro / Foreign capital	39.5
内資系	Capital nacional / National capital	38.4
内資過半数資本	Capital majoritário nacional / National majority capital	0.8
外資過半数資本	Capital majoritário estrangeiro / Foreign majority capital	21.3
内資外資 50:50	Capital misuto (50% nacional / 50% estrangeiro) / Mixed capital (50% national / 50% foreign)	0.0
合計		100.0

出典：Sindipeças e Abipeças (2017)

とにする。

全部で510社の部品サプライヤーがこの工業会に所属している。売り上げ規模は1兆8100億米ドル（2017年約2兆円）である。売り上げは，自動車メーカーへは57.5%，アフターマーケット用が23.7%，輸出が12.9%でその他が5.9%となっている。総従業員数は16万2200人である。

図表1-4で明らかなように，サプライヤーの66.27%が，日系人の多いサンパウロ州に立地し，次に多いのがミナス・ジェライス州の10.85%，そしてパラナ州の5.42%と，この3州で全体の82.54%を占めている。

次にこれらのサプライヤーの資本構成を見ると（図表1-5），約40%が外資系，外資が過半数を占める企業が21.3%と合計60.8%が外資経営の企業で，残り約40%が内資系という構成になっている。これらの資本構成は，今後日系サプライヤーがM&Aを考えるときの参考となろう。

これらの企業の内，どのような資格認定を得ているかの状況は図表1-6により知ることができる。この図表からISO 9001に関しては，取得済み31.4%，申請中10.0%の合計は41.4%に達する。自動車産業品質マネジメ

図表 1-6　サプライヤーの資格認定の取得状況

資格の種類	承認済み数	%	申請中数	%
ISO 9001	287	31.4	7	10.0
ISO / TS 16949	277	30.3	22	31.4
ISO 14001	222	24.3	25	35.7
VDA 6.x	60	6.6	6	8.6
BS 8800-OHSAS 18001	52	5.7	9	12.9
QS 9000	8	0.9		0.0
EAQF	3	0.3	0	0.0
S.A. 8000	2	0.2	1	1.4
ISO 27.001		0.2	0	0.0
合計	913	100.0	70	100.0

出典：Sindipeças e Abipeças (2017)

図表 1-7　部品産業の輸出入バランス　（1000 億米ドル）

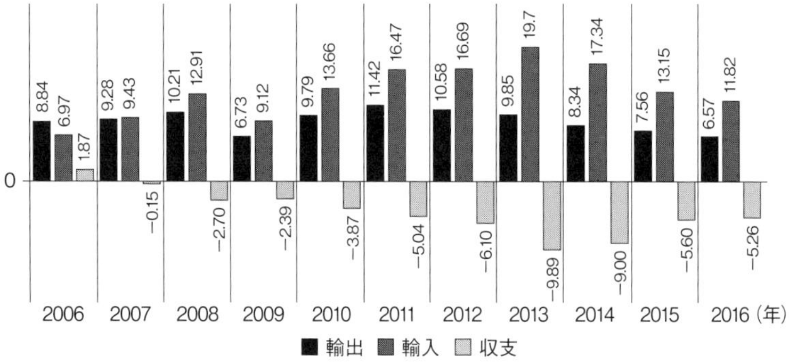

出典：Sindipeças e Abipeças (2017)

ントシステム ISO/TS 16949 に関しては，取得済みが 30.3%，申請中が 31.4% で合計 61.7% に及んでいることが分かる。これらの資格認定状況は企業の経営管理レベルを知るうえで重要な指標となる。資格取得企業の方がリーン生産方式や他の管理手法の移転の基礎があると判断することができよう。

図表 1-7 の部品産業の輸出入バランスを見ると，2007 年来常に収支はマイナスであることは明らかである。電子部品関係やモーター，ポンプなどが輸入に頼っているのが現状である。後述するブラジル特有の「ブラジル・コスト」などのために，価格競争力に課題が多いことも一因と考えられる。

1-4-2　ブラジルのサプライヤー訪問記録

ブラジルの部品サプライヤーのイメージを感じていただくために数社の〈訪問記録〉を載せる。見出しに，外資系の種類・社名（仮名）・訪問年月日を記しておく。

1）欧米系Ｃ社　2013年11月1日

Ｔ氏（Head of Purchasing Brazil）とＧ氏（Business Director Commercial Vehicles & Aftermarket）の２名の日系ブラジル人の幹部が対応してくれた。日本語は話せず英語は流暢なグローバル人材という印象であった。

Ｃ社は2012年全世界で約32.7ビリオンユーロ（日本円で約４兆円）の売り上げ規模であった。主な製品領域はシャーシーとセーフティ，パワートレイン，およびインテリアの３部門である。世界の291以上の拠点（46カ国）に約17万人の従業員をもつ世界ビッグ３に入る自動車部品供給の大手企業である。

ゼロ・アクシデント（事故やけがの無い社会）＋ゼロ・エミッション（資源を維持し環境を保護する），オールウェイズ・オン（Always On），インテリジェントで最適に連携した道路交通，の３つを実現する理念をもっている。

図表1-8　Ｃ社：工場入口の写真

ブラジルC社は約2.75ビリオンユーロ（日本円で約3700億円）で従業員6700名である。自動車関連部品の売り上げが全体の60%，残りはタイヤを含むゴム製品である。ブラジルへは1959年進出で54年の歴史をもつ。ブラジルにおける6つの主要事業は，シャーシーとセーフティ，パワートレイン，インテリア，タイヤ，コンチテックと呼ばれるエアスプリング，パワートランスミッション等。

プレゼンテーションで説明された開発手順はソフトウェア会社のSAPの開発モジュールを使っているようで興味深かった。開発のよくあるケースはメーカー・サイドから基本仕様と3D図面を使った空間条件が出される承認図方式である。それに対しC社側がアイデアを練り提案図面をメーカー側に出し，議論が重ねられ図面が決定する。このやり取りには日系，欧系，米系で特徴があるとのことであった。毎年約3%のコストダウンが要求される。VM（value management）が大切とのこと。現場を見学した際目についたのは，要所要所に品質や出来高のグラフが貼られていたことである。TPM，6Σ等，さまざまな管理手法が適用されている。リーン生産方式について導入を全社的に行っているとのこと。

2）日系J社　2013年11月7日

B氏（Commercial Manager Mercosur）とY氏（Executive Coordinator），H氏（Director Industrial）が案内してくれた。

J社は2006年Kベアリング社とT社との合併により誕生した会社である。ステアリングとドライブトレインの製造を主としている「走る」と「曲がる」を担う自動車部品会社で，2013年時点で世界ランキング第18位である。ブラジル工場では主にメカニカル・ステアリング（MS）とハイドロリック・パワーステアリング（HPS）を製造している。生産量としては，HPSを100%とするとMSは7.6%位の比率である。軽量化の観点から今後エレクトリック・パワーステアリング（EPS）が増加する傾向にある。従業員は480名でその内240名が現場のオペレーターである。テクニカルセンターに40名近い人員を抱えて諸テストや適用技術の開発を行っている。ブラジルの顧客は騒音や振動にかなり敏感であり，設計上配慮が必要。また泥水や砂

図表 1-9　J 社：工場の全景写真

への対策も必要である。競合企業は TAW や DHP 等である。

欧米日 OEM の発注傾向として，欧米系 OEM は少ない種類のステアリング装置で多くの車種に使用する傾向があり，日系はそれぞれの車種に合った異なるステアリングを使用する傾向がある。日系各社は開発技術者が車種ごとに「～らしさ」を強調するため，このような傾向になるとの話であった。日系 OEM は乗り心地にこだわる傾向があるという。この件は H 社で聞いた開発技術者のもつ「こだわり」とともに興味深かった。

日系 OEM の騒音対策要求への対応はラックとピニオンの荷重調整バネにより行われることが多い。

3）欧米系 B 社　2013 年 11 月 8 日

A 氏，S 氏，R 氏らが案内してくれた。

いかにもドイツ的な対応，つまりよく準備された組織的なおもてなしを受けた。我々が移動時間不足で昼食をとっていないことを知ると，飲み物，果物，サンドイッチのサービスまでしてくれた。最初にディーゼル部門のエンジニア・ディレクターの S 氏によるディーゼル事業についての説明。その後工場見学を終えて P 氏による購買システムの説明，そして最後に T 氏によるグローバル経営活動とブラジルの位置付けについての説明があった。

図表 1-10　B 社：C 工場の全体写真

B 社はグループ全体では 2012 年の実績で総売り上げ約 7 兆円，従業員約 30 万人，そのうち 4 万 3000 人が R&D 所属という極めて研究開発オリエンテッドな会社である（B 社は株式会社ではなく財団である）。約 60% の売り上げがヨーロッパに集中している。売り上げは 4 つの部門から構成されている。第 1 は自動車テクノロジー，第 2 は産業テクノロジー，第 3 はエネルギーとビルディングテクノロジー，そして第 4 はコンシューマーグッズである。第 1 の自動車テクノロジーが全体売り上げの約 60% を占めている。ブラジルでの総売り上げは 1.6 ビリオンユーロ（約 3400 億円）で全体の約 3% である。ブラジル B 社の従業員は 9680 名とのこと。

製品ポートフォリオとしては VE ポンプ，インラインポンプ，ノズルとホルダー，CR（PC）インジェクター，CR（CV）インジェクター，高圧燃料噴射装置，ランプユニット等がある。これらの製品の開発については Center of Competence（ある特化した技術の世界的なセンター）として位置付けられている。B 社においては技術者の各国間の人事異動が活発に行われており，各国に配置された Center of Competence 間に技術格差はあまりないとのことであった。

4）日系D社　2013年11月9日

R氏，B氏とF氏が対応してくれた。

D社はグローバルでは総売り上げ約4.5兆円，従業員13万3000人，活動拠点は183カ所に及ぶ。日本での売り上げが約3兆円で最も多く，アジア・オセアニア地区が約1兆円，米国が8000億円，南米は約800億円と一番小さい。ブラジル市場は日本の自動車メーカーが遅れて参入したのに比例して売り上げが低いが，調査当時（2013年時点）においては，今後急拡大（4年で約3倍）する計画ということだった。ブラジルD社は主に熱交換系の製品，つまりエアコン（HVAC），ラジエーター，コンデンサー，エバポレーター，コンプレッサー，クラスターの生産を行っている。

ブラジルにも広い範囲の試験設備が投資されている。D社ブラジルのテクニカルセンターはサンタバルバラにあり2012年7月竣工した。総投資額約5200万円で2015年までに約100名の人員をもつという。主たる業務は自動車用エアコンシステム，スターター，オルタネーター，パワートレイン関連システムなどである。このテクニカルセンターは風洞実験施設をもっているのが特徴である。この風洞は風速0～180 km/h，温度条件－20℃から50℃，

図表1-11　D社：ブラジルのサンタバルバラ工場の全景写真

湿度30〜80%の設定ができる。クリチーバにある試験設備では騒音測定，振動試験などが可能である。

現地購買に関しては最大限現地調達比率を上げる努力をしている。仕入れ先支援グループの3名がサプライヤーのQCD（quality・cost・delivery）カイゼンのために巡回している。

5）欧米系W社　2014年9月16日

L氏（OE Sales Manager, W Vehicle Control Systems）が対応してくれた。

2014年4月の第2回目のブラジル訪問時に同行したベンツ社の社員が，このW社のリーン生産方式は非常によく実践されたモデルであるとコメントしていた。今回はその工場を見る必要があるということで訪問することにした。

北米企業としてスタートし，その後ドイツとの関係が深くなり，ドイツのハノーバーに製造の中心が移ったとのこと。本社はブリュッセルにある。主に商用車のブレーキユニットとコンプレッサーの製造をしている。ブラジルには500名の社員がいて，その内27人がエンジニアとのこと。

ブリュッセル本社の主導でリーン生産方式が導入され，現場改善が極めて活発である。本社ではすでに30年近い歴史があるが，図表1-12で分かるようにブラジルでは2009年から本格的に開始された。2009〜2010年6Σとリーン生産方式を本格導入，2011年バルブのカイゼン，2012〜2013年プル方式の開始，2014年顧客・カンバンを開始したそうである。

250近いサプライヤーをもっている。その内104社がローカルサプライヤーである。ローカルコンテンツは約70%。サプライヤー指導は，オーディット，評価，アクションプラン，そしてフォローアップというサイクルで行われる。ひとつの契約は大体4年間継続とのこと。

アルミのダイカストが多く使われており，その金型製造が重要である。在庫は，アウトバウンドで2カ月，インバウンドで1カ月であり，ベンツなどのOEMのミルクランは1週間に2回の頻度。品質レベルは，2010年1100 ppm, 2014年105 ppm, 2015年目標は99 ppmでベンツへの納入実績は7

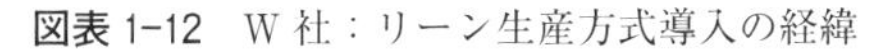

図表 1-12　W 社：リーン生産方式導入の経緯

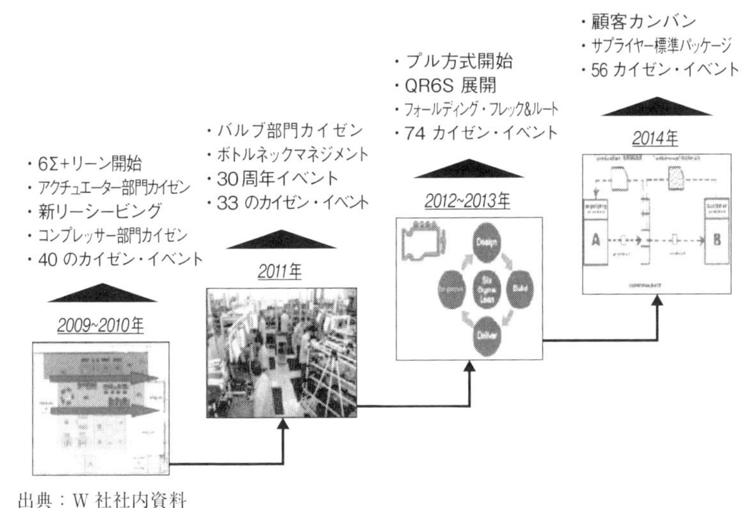

出典：W 社社内資料

ppm である。

工場見学をしたが，各所に KPI 結果パネルが表示され 6Σ+Lean の活動が活発である。工場全体のレイアウトをジョブショップ型からフローショップ型へ変更し，流れに合わせ左から右に移動するように大幅な変更を行った。作業員がカイゼンして作ったという U 字型ラインや移動型の作業台車を見せてくれた。新設備設置に関しても人間工学に配慮し，機械の設置高さの検討や動線の最短化を考慮しているとのこと。工場内のモノの流れとトレーサビリティを管理するためにバーコードを活用している。日々の計画数と実績数がオンラインで現場に表示できるパネルとソフトを使用している。

1-4-3　まとめ

外資系企業は規模が小さくても確実にグループ企業間で知識の共有や KPI（重要管理指標）の共有を行っているため経営管理レベルはほぼ国際レベルであることが印象深かった。かなり規模の小さい企業を訪れたときも問題解決手法（特性要因図）の表示があり，さまざまな KPI 指標のグラフが表示してあった。

これに比べ，部品サプライヤーの約半数を占める内資系企業のいくつかはかなり古い体質で代々世襲的な経営をしているとの話をSindipeçasの職員から聞いたことがある。

日系企業は，日系OEMのマーケットシェアが低いため，数量が少なく，さまざまなハンディを背負っているとの話を多々聞くことがあった。今後日系以外の顧客を積極的に取る必要があるとの意見を多数伺った。

1-5　自動車販売店と顧客満足

自動車販売の状況がリーン生産方式の移転の研究で触れられることは稀である。しかしリーン生産方式の有効性は，設計開発，製造，販売，そして部品サプライヤーとの総合的な連携なしには発揮されない。そして販売は，顧客満足を獲得し続けることが大前提となる。

本節では，トヨタ販売方式と顧客満足度を含め述べることとする。

1-5-1　販売政策の位置付け

ここまでは主に自動車の製造を中心にブラジルの状況を調査してきたが，自動車販売についてはどのようになっているのだろうか。日本的経営システムやトヨタ生産方式の大きな特徴は，会社全体の相互連携を通じて顧客満足につなげ，競争優位を獲得することにある。その意味で販売方式について調

図表 1-13　顧客満足を目指す販売政策

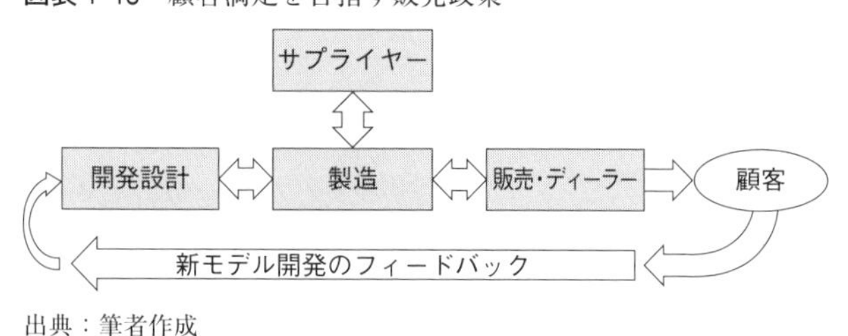

出典：筆者作成

査するのは大きな意味のあることである。

図表1-13のごとく顧客の要望がディーラーや販売を通じて入手され，それが開発や企画で認識され，新モデルの設計に結び付き，それが製造で良い品質を生むという連鎖の中から顧客満足が得られ，競争力が向上するという考えである。欧米系の組織運営では，それぞれの機能が独立し，相互のコミュニケーションが不足するケースが未だに多い。その場合，顧客が一商売毎の「売切りの顧客」として扱われるために，長期的な顧客満足を実現することが困難となる。

日本のディーラーの主な目的は，顧客に，自分がディーラーの「ファミリー」の一員であるという気持ちを抱かせつづけることである（ウォマック，ルース，&ジョーンズ，1990）。それにより1人の生涯顧客から長期に渡り最大限の売り上げを得ることを目的としている。

ディーラーの売り上げは，新車販売，中古車販売，パーツ販売，サービス販売，その他ファイナンスや保険から成り立っており，それぞれの販売比率は企業により異なるもののほぼ同率であると聞いた。つまり後のパーツ，サービス，ファイナンスの販売が同一顧客から期待できる。このことを理解すれば「生涯顧客」のもつ重要性は明確であろう。

1-5-2　販売政策のための地域特性

その意味でブラジルでの各OEMの販売状況や政策はどのようになっているか。各社の販売政策が最も具体的に表現される販売店の数とその地域ごとの配置の状況を分析してみよう。ブラジルは図表1-14に示すように，全部で26州とブラジリア連邦直轄地区から成り立っている。

歴史的に北東部，南東部から植民地化が始まり，その後，北と南へ開発が進んだ。日系ブラジル人は南東部に多く，南東部，南部にはイタリア系，ドイツ系移民などヨーロッパ系の白人が多く暮らしている。

総生産は，南東部が56%を占め，南部16.6%を加えると72.6%，つまりブラジル全生産の約4分の3を占めることになる。これに中西部の9.2%を足すと81.8%に達する。1人当たり域内総生産もこの3つの地域が高く，

図表 1-14　ブラジルの 5 地域と 26 州および連邦直轄区の地図

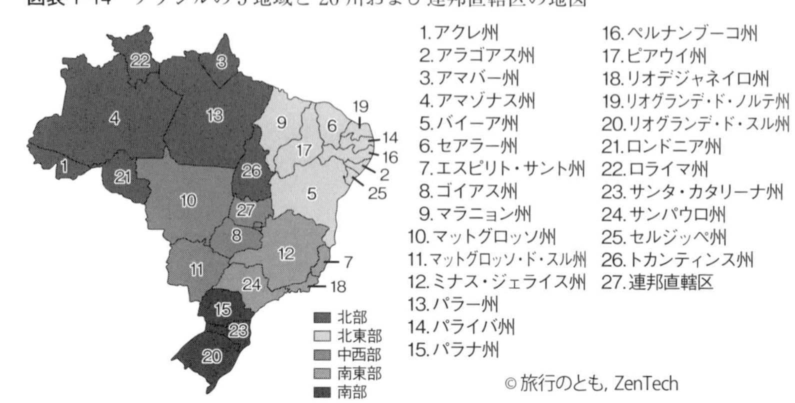

出典：http://www.travel-zentech.jp/world/map/Map_of_South_America.htm

ブラジルの中心である。北部はアマゾン川流域で未開発地域が多く，北東部は近年開発が徐々に進行中である。この 2 地域の 1 人当たりの域内総生産は，他の 3 つの地域に比べ半分以下であり格差が大きい。ブラジルの中でも貧困層が多い地域となる。

1-5-3　地域別販売店数

次に各社の地域別販売店数の増減を見てみよう。図表 1-15 を見ると，VW は北東部で 20% の急激な増強をする一方，南東部で減少している。2012 年から 2016 年の歴史的売り上げ激減期に，9 社の合計販売店数は 16% 増加した。特に，ホンダの＋73%，Hyundai の＋63%，Fiat の＋31% が突出している。GM と Ford の米系 2 社は－4%，－3% と減少している。トヨタ，日産，Renault はそれぞれ 12%，17%，15% の増加であった。

Fiat は全国で 30% 増加と極めて大きな増加をしている。北部地域で 50% 増し，北東部では 43%，中西部で 53% 増加であった。2012 年以降の需要が激減する時期にこれだけの投資は目立つ。米系 2 社，GM と Ford はこの時期，需要に合わせ店舗数を減少したことが他のメーカーとの違いである。日系 3 社もそれぞれ増強している。大市場である南東部地区，近年開発が進む

図表 1-15　各社の地域別販売店数の配置状況とその増減

	Norte 北部			Norteste 北東部			Sudeste 南東部			Sul 南部			Centro Oeste 中西部			Total		
VW	22	26	+	59	71	+	216	203	−	90	98	+	35	39	+	422	437	+
Fiat	27	41	+	93	133	+	286	332	+	127	179	+	51	78	+	584	763	+
GM	19	19		59	59		194	183	−	79	79		32	29	−	383	369	−
Ford	22	21	−	73	71	−	220	198	−	110	118	+	44	45	+	469	453	−
トヨタ	9	11	+	19	22	+	72	82	+	30	33	+	15	15		145	163	+
ホンダ	10	12	+	17	34	+	74	124	+	23	44	+	11	19	+	135	233	+
日産	10	10		22	25	+	70	88	+	30	36	+	15	13	−	147	172	+
Hyundai	9	14	+	21	32	+	65	111	+	23	40	+	16	21	+	134	218	+
Renault	9	12	+	25	34	+	104	107	+	64	82	+	17	17		219	252	+
Total	147	166	+	388	481	+	1301	1428	+	477	709	+	236	276	+	2638	3060	+

注：2012年と2016年の地域別販売店の数の動向，数字欄の左側が2012年，右側が2016年。＋は2016年が2012年に比べて増加，－は2016年が2012年に比べ減少を意味する。
出典：ANFAVEA（2017）を基に筆者作成

北東部地区での増強を実施している。Hyundaiの増加が目立つ。全体で62%の増加をしている。

1-5-4　店舗当たりの販売台数

ブラジルにおけるメーカーごとのディーラー1店舗当たりの売り上げ台数は図表1-16のようになっている。2016年のデータであるがFiatが435台，GMが399台，VWが502台，Fordが363台で4社の平均は425台となる。一方，トヨタは827台，ホンダは526台，日産が333台と3社の平均は562台と約32%多いことが分かる。日産はまだ始まったばかりで333台は政策値よりかなり低いと考えられる。この店舗当たりの販売台数は販売店の経営状態，経営者の意欲，ひいては従業員の意欲に関係し，最終的には，顧客満足に強い影響を及ぼす。

この日系と欧米系のディーラーごとの販売台数の傾向はブラジルだけではなく，実は米国においても同様な傾向が観察されている。

図表1-17からGM, Ford, Chrysler, VWの4社の1987年平均を計算する

図表 1-16　2016年度におけるディーラーごとの販売店当たりの売上台数

メーカー名	2016年売上高（台数）	販売店舗数	1店舗売上台数
Fiat	190, 129	437	435
GM	304, 564	763	399
VW	185, 327	369	502
Ford	164, 552	453	363
トヨタ	134, 804	163	827
ホンダ	122, 551	233	526
日産	57, 311	172	333
Hyundai	167, 674	218	769
Renault	127, 529	252	506

出典：ANFAVEA（2017）を基に筆者作成

図表 1-17　米国におけるディーラー当たりの販売台数

メーカー名	1956年	1965年	1978年	1987年
GM	183	351	464	249
Ford	189	318	389	259
Chrysler	104	213	239	114
VW			253	219
Volvo			120	257
ホンダ			396	693
トヨタ			423	578
日産			323	477

出典：ウォマック他（1990）

と210台となる。一方，ホンダ，トヨタ，日産3社の同年の平均は583台となり，その差は2.8倍に達する。なぜこのような政策上の違いがあるのかをトヨタの営業の歴史から解析してみたい。

1-5-5　トヨタの営業の始まり

日本式販売方式は，トヨタの営業政策に大きく影響を受けているといえる。そこで，トヨタの営業方式がどのような経過で形成されたかを調べてみることにする（Osono，2006）。

トヨタの営業方式といえば，神谷正太郎氏の存在抜きには語れない。トヨタは創業当時，自社のディーラーをもつ資金が不足していた。そこで，豊田喜一郎氏は，日本GMの副支配人であった神谷氏をスカウトして「販売のことは一切お任せする」と販売体制の構築を一任した。神谷氏は1935年からトヨタのディーラー・ネットワークを形成し始めた。彼は，トヨタ自動車販売の社長，会長，名誉会長を歴任し，トヨタの営業体制を構築し「販売の神様」と呼ばれた。神谷氏は日本GM時代，GMのディーラーの扱い方に大いに不満をもっていたといわれる。例えば，GMは，当時ディーラーのことをメーカーより一段下の存在と見ていた。過酷な販売ノルマを課する一方的な商売をしており，また社員の処遇についても問題があった。このような体験から，神谷氏はトヨタに移ってから，自分の理想に向かいディーラー・ネットワークの構築に奔走した。ディーラーをメーカーと対等なパートナーとして扱う「平等（イコール）パートナー」の思想を実践した。これは，自動車業界では画期的であった。このことは大量生産方式のディーラー制度とトヨタ式営業方式のディーラー制度を比較研究したウォマック他（1990）にも類似の分析が出ているので参照されたい。

このディーラーをメーカーと対等なパートナーとして扱う精神が最も大きな特徴である。具体的には，ディーラーが財務的トラブルに陥れば，融資援助し，セールストレーニングを支援し，価格政策資料を与えたり，販促テクニックを伝授したり支援を惜しまなかった。これによりトヨタは，全国をカバーする神谷式ディーラー・ネットワークを築くことができた。この「平等（イコール）パートナー」の思想は結果として大きな利益をトヨタにもたらすことになった。つまり，ディーラーは顧客のもつすべての情報を壁を作ることなくメーカーに伝えた。一方，欧米系メーカーは，ディーラーを対等なパートナーとして扱わず，敵対的な関係に陥ったために顧客情報が入手できず，新車開発ごとに高価なマーケットリサーチを繰り返す必要があったといわれる（ウォマック他，1990）。

メーカーだけの利益を考えるとディーラー数を増やし，市場のカバレッジを上げる方が得策である。つまりそれだけ短期的には売れるチャンスが増える。しかしそれをするとディーラー相互のたたき合いになり，長期的にはディーラーが適正な利益を上げることができなくなる。そこでトヨタは「平等（イコール）パートナー―」の考え方を実践することで共存共栄を目指し，ディーラー数を一定以上に増やさない販売政策をとったといわれる。この思想が欧米系メーカーとのディーラーごとの販売台数の差になって表れている。

1-5-6　営業トヨタウェイの制定

その後，1990年代以降トヨタの販売網は急速に海外に展開することになり，トヨタの海外社員にトヨタの販売理念と価値観を伝播する必要が顕在化し，当時の張社長が中心となり「トヨタウェイ2001」が制定，発表された（石坂，2008）。急速なグローバル化に伴い，トヨタの営業方式を海外の従業員にも分かるように伝える必要性がでてきた。1999年頃からトヨタ本社の営業担当役員が中心となり，さまざまな議論を経て「営業トヨタウェイ」が2002年制定された。この営業トヨタウェイは，トヨタ式営業方式，ひいては日本式営業方式の根幹をなしているといっても過言ではなかろう。

営業トヨタウェイは5つのPから始まる項目から成り立っている。

・Purpose（パーパス＝目的）

・People（ピープル＝人）

・Principle（プリンシプル＝主義）

・Process（プロセス＝過程）

・Practice（プラクティス＝実践）

これらの項目について，少し内容を説明しよう。最初のPurposeでは，トヨタ販売方式の根本を，ディーラー（販売代理店），ディストリビューター（各国代理店・卸売会社），メーカーであるトヨタが三位一体となって，チーム・トヨタとして共同作業をする。そして，この内容をさらに改善・進化させることを定義している。お互いがお互いを信頼し尊重しあいながら，対等のパートナーとして共に成長していくことがPurposeであると明記している。この考え方が，欧米方式とは異なり，顧客の要望をメーカーに伝え，顧客の要望にあった顧客満足度の高い新モデルの設計開発，製造，サービスへとつなげる大きな違いを生むことになる。

図表 1-18　お客様の購買サイクル

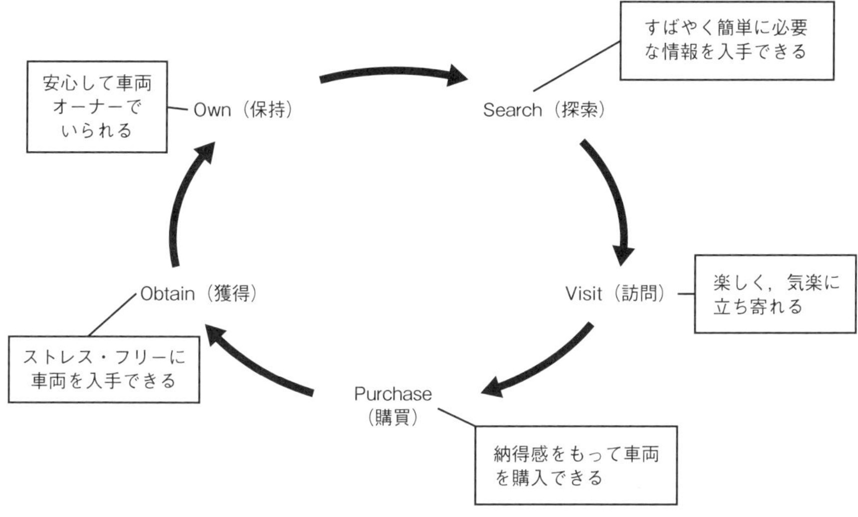

出典：石坂（2008）

次のPeopleは，人を重んじるトヨタの思想をまとめている。一見不可能と思われることにでも挑戦し続け，創意工夫を凝らして成果を勝ち取るという創業以来の気風を表している。

3つめのPrincipleは，ビジョンとミッションを示す。ビジョンは2つあり，ひとつは，世界各国で最も成功し尊敬される自動車会社になること。もうひとつのビジョンは，お客様に最高の車両購入・保有経験を提供することで，その概念は図表1-18に示されている。

ミッションも2つあり，第1は「お客様第一」で，もうひとつは「オールトヨタの触覚（レーダー）」になることである。このミッションの実践で，2つのビジョンが実現し，その結果，「ライフタイム・カスタマー（生涯顧客）」つまり，ずっとトヨタの車に乗り続けてくれるお得意さんを獲得することができるという考えである。

4つめのProcessは，結果も大切だがそのプロセスにこだわるトヨタの姿勢がよく出ている。「どういう仕組みでそれをやるか」「どういう理由でそれをやるか」を自問自答して仕事を進める。

一番大切なことは，お客様の視点に立って，プロセスを考えることだという。すると，お客様の購買行動のプロセスは，図表 1-18 の 5 つのステップを踏んで進むことが分かる。Search（探索）→Visit（訪問）→Purchase（購買））→Obtain（獲得））→Own（保持）である。この一連のどのステップにおいても，お客様の満足度が高くなければいけない。

この営業トヨタウェイ，特に，ディーラーを対等なパートナーに位置付ける思想は，海外展開でのディーラー網の構築にも他社との大きな違いを実現することになる（塚田，2012）。

1-5-7　顧客満足度調査

2016 年 7 月 30 日，ブラジルの販売店の顧客サービスについての JD-Power の調査結果が発表された（図表 1-19）。JD-Power（2016）の分析によれば，購入後 12～36 カ月の間に，ブラジルの 70% の顧客が自動車を購入した販売店でサービスを受けた。これは保証を維持するためには購入した販売店でメ

図表 1-19　顧客満足度調査

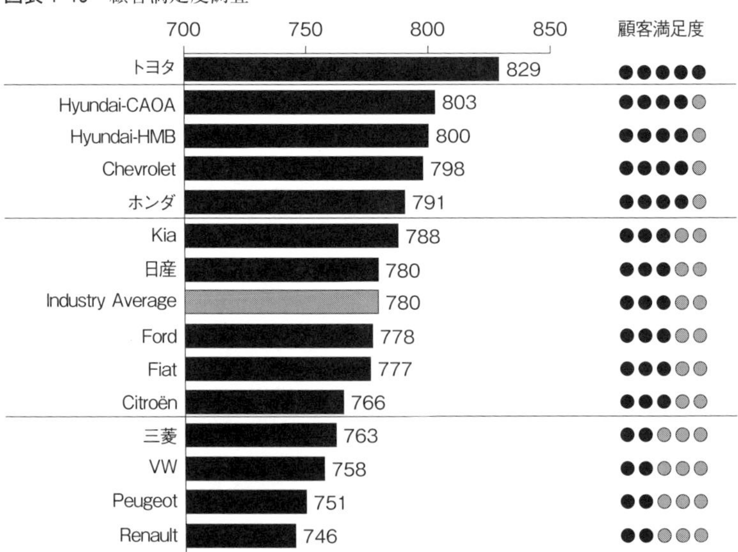

出典：JD-Power（2016）

ンテナンスを受けることが必要であるためで，この率は米国の81%，イギリスの78%に比べ少し低いといえる。購入販売店でサービスを受ける理由を分析したところ，44%が販売店の近さ，サービス能力を評価した人が24%，サービスグループとの事前の経験が24%，そして約5%の顧客が，広告や販促クーポンによるものと答えたとJD-Powerは報告している。ブラジルの顧客の7%がサービスの予約をインターネットで行い，これらの顧客の満足度が一番高い（768点）。調査によれば42%の顧客がインターネット経由での予約を希望しているが，多くの販売店ではこの予約方式に対応できない状態にある。顧客アドバイザーの役割は極めて重要であるが，ブラジルではこのアドバイザーの役割が十分に果たされていない可能性がある。ブラジルでは68%のサービスアドバイザーの助言が有効であると受け取られている。この数値については米国は87%，イギリスも86%であるから，これらに比べ低いといえる。これらの分析は4000人以上の顧客へのインタビューから得られた結果であるとJD-Power（2016）は報告している。

JD-Power（2016）によれば，Customer Service Index Rankingはアフターサービスにおいて販売店に対する顧客の満足度を総合的に分析することを目的としている。新規購入後，1年から4年（15～51カ月）が経過した顧客を対象に郵送調査を実施して得るものである。

新車購入店でサービスを受けた際の顧客の総合的な満足度に影響を与えるものは4つのファクターである。それは「サービス担当者」(34%)，「営業体制」(19%)，「店舗施設」(16%)，「サービス内容」(16%）となっている（カッコの%は総合満足度に対する影響度)。これらのファクターにおける複数の詳細項目に対する評価をもとに総合満足度を算出しているといわれる。

その結果は，1000点が満点で，トヨタは829点でダントツの第1位である。第2位　はHyundai CAOA系803点，Hyundai HMB販売系の800点，Chevrolet（GM）の798点，ホンダ791点と続く。次のグループにはKiaの788点，日産の780点，この全メーカーの平均値が780点であることが示されている。Fordは778点，Fiatが777点，VWが758点，そして前年度から急落した三菱は763点。日系企業は三菱を除き業界平均以上である。Renaultが販売台数を伸ばしているのにもかかわらずサービス満足度がかなり低いのは気になる点であった。

1-5-8　販売店訪問

2017年サンパウロ市内のいくつかの販売店を訪問する機会があった。V社，H社，T社の販売店であった。事前の通知なしの突然の訪問であったが各社柔軟に対応してくれて，貴重な情報を得ることができた。以下V社とT社の訪問についての記録である。

1）V社販売店　2017年9月6日　午前訪問

ファイナンス担当のO氏が案内して説明してくれた。

当販売店のビジネスは，中古車販売，新車販売，保守サービス，部品販売，ファイナンスである。全体ビジネスの40%が新車販売，30%が中古販売，保守サービスが20%，10%が部品の販売とのことであった。ファイナンスは月1.6～2.0%の金利である。新車は3年保証付き。

社員は67名（2012年には130人であったが2014年からの不況で削減した)。

各セールスは，月13台新車販売が目標である。13台売ったときに，100%

図表1-20　V社販売店の内部展示

図表 1-21　Ｖ社販売店の受付

のインセンティブが出る。それ以降，90，80，70％と落ちる。平均５万レアルとして，10台で，５万レアル，インセンティブは，1％で，500レアル。全く売れないときの保証給与が1700レアルとのこと。新しい客が来ると，営業担当が順番にとる方式。チーム販売はしていない。このインセンティブの方式は，各社ほぼ同じとのことであった。

顧客の要望により，つまり，新車の購入か，部品の購入か，サービスを受けたいかにより，それぞれの担当が対応する。かなり縦割りの業務体制との印象を受けた。

新車を買った人であっても，セールスからファイナンス，納車係と，顧客を担当から担当へとパスしていくやり方である。

２）TT社販売店　2017年９月６日　午後訪問

店長であるＬ氏が案内してくれた。非常によく管理されている印象。社員の質，内装，配置等これまで訪問した他社に比べ数レベル上の経営という感じがした。店内は明るく，顧客フレンドリーなレイアウトがなされ，子供が遊ぶコーナーも用意されていた。

管理室の壁に「見える化板」があり，さまざまな指標のグラフが貼ってある。

図表 1-22　TT 社販売店の店内の全景

図表 1-23　さまざまなグラフで管理している TT 社販売店

さまざまなKPI，例えば，顧客数，来場者数，納車，価格，アクセサリー，マーケットシェア，顧客満足などに関するさまざまな指標がグラフ化され月ごとにデータが入力されていた。工場のカイゼンコーナーの表示に非常に近い感じの管理をしていた。

経営方針等も明示されている。サンパウロに TT 社の販売店が 20 店あるとのこと。

売り上げの 30% が新車販売，10% が中古，30% が部品販売，30% がメンテナンスサービス。夕方毎日約15分間，全員で今日の課題と明日の予定を共有するミーティングを開いている。販売員は月1回会議。このような定例会で全員の情報を共有するやり方，段取りの見える化は工場管理的であるが販売現場でも大いに効果を発揮するものと思われる。

顧客の購買可能性の進行度に合わせ，試乗制度あり。約15分位。

社員は約20名（10人がセールス，3人がコーディネーター，生産管理1人他）。

顧客を生涯顧客として扱うフィロソフィーはよく理解されている模様で，顧客に各部門が協力して対応する姿勢が感じられた。他社ではセールスは売ればよく，サービスはサービス，部品は部品と各機能が縦割りで協調の精神があまり感じられなかった。これがTT社と他社の販売との大きな違いであろう。営業理念が浸透している。

1-6　まとめ

本章では，ブラジルの各社の販売政策を地域ごとのディーラー数の展開状態（2012年と2016年の比較）によって調査した。この未曾有の経済危機の中，各社がどのようにディーラー配置を変化させたか，興味深い結果を示している。米系企業はディーラー数を絞り，欧州系企業は販売の急落にもかかわらず拡大している。日系企業は各地域拡大の方針を取っているようである。その理由として考えられることは，日系企業のシェアが低く拡大の必要性があることと，2013年以降急激にシェアを増加させているためと思われる。

その後，ディーラーごとの販売台数を比較した。その結果，欧米系に比べ日系企業では，ディーラー当たりの販売台数が相対的に高いことが分かった。この傾向は，ブラジルに限らず，米国でも観察されるものであることが文献（Osono，2006）から見られる。この傾向を考察する中から，欧米系のメーカーとディーラーの関係と日系メーカーとディーラーの関係が，かなり異なることが推測された。

参考文献：

ANFAVEA (Associação Nacional dos. Fabricantes de Veículos Automotores) (2017). Anuário da Indústria Automobilística Brasileira | Brazilian Automotive Industry Yearbook-2017, [online]http://www.virapagina.com.br/anfavea2017/#56/z (accessed May 20, 2018).

JD-Power (2016). *2016 Brazil Customer Service Index (CSI) Study*, JD-Power.

Osono, E. (2006). *The Global Knowledge Center; Sharing the Toyota Way in Sales and Marketing,* Graduate School of International Corporate Strategy of Hitotsubashi University.

Sindipeças e Abipeças (2017). Desempenho do Setor de Autopeças 2017, [online]https://www.sindipecas.org.br/home/ (accessed June 8, 2018).

石坂芳男（2008）『トヨタ販売方式―世界一企業の〈販売〉と〈マーケティング〉』あさ出版

ウォマック，J. P., ルース，D., &ジョーンズ，D. T. 著　沢田博訳（1990）『リーン生産方式が，世界の自動車産業をこう変える。』経済界

経済産業省（2017）『通商白書 2017（PDF 版）』[online]http://www.meti.go.jp/report/whitepaper/index_tuhaku.html (accessed September 20, 2018)

塚田修（2012）『営業トヨタウェイのグローバル戦略』白桃書房

ブラジル商工会議所編（2016）『現代ブラジル辞典』新評論

第2章 ブラジルの自動車産業の固有環境

ブラジルの自動車産業はその固有環境をもっている。それらについてブラジル人の共同研究者に寄稿してもらうことにした。以下，ブラジルの自動車産業の固有環境である，ブラジルの自動車産業政策，ブラジル・コストと呼ばれる競争力阻害要因，労働者の権利に手厚い雇用制度と労働組合，世界唯一のエタノールとガソリンの自由混合車（フレックス燃料車），教育機関そして生産性向上活動について取り上げる。

2-1 ブラジルの自動車産業政策
—Inovar-Auto と ROTA 2030—

Ugo Ibusuki
塚田 修（訳）

2-1-1 はじめに

ブラジルの自動車産業は，2013年以降の危機にもかかわらず，国内外の経済にとって最も重要な産業部門のひとつである。ブラジル自動車工業会（ANFAVEA）の統計によれば，2016年に210万台の車を生産した。この自動車産業は，2016年に15兆レアル（ANFAVEA, 2016）以上の売り上げを達成し，産業GDPの約22%，総GDPの5%を占めている。

この節の目的は，ブラジルの市場に参入する新しいプレーヤーの動向を探るとともにブラジル自動車産業政策の歴史を振り返ることにある。ブラジルは，31社もの自動車製造会社が存在する世界唯一の国である。この特異な状況はWTO（2017）によって非難された輸入に対する保護主義的産業政策のために起こった現象である。

2-1-2　ブラジル政府による自動車産業政策

1950年代の自動車産業設立以来，ブラジルの自動車市場および産業に向けた政府政策の進展に6つの変換点を見ることができる。それぞれの政策は，すでに国内に立地している自動車組み立てメーカーの地域製品戦略と技術戦略の重要な対応投資を意味し，また一方でブラジル市場へ新しいプレーヤーを引きつけることとなった。

これらの1956年から2011年までの6つの変換点について，以下に順をおって説明することとする（図表2-1）。

1. 第1次自動車産業政策（1956年）：これは，輸入部品に対する高関税率に保護された市場をもたらし，国産化を開始した。最初の進出企業はブラジル政府のインセンティブを得て市場に参入した。この計画の背後にある考え方は，自国に生産設備をもたない企業の国内市場からの締め出しと，反対に，進出プロジェクトが承認された企業にインセンティブを与えるという飴と鞭の政策であった。これらのインセンティブには，よりよい為替レートの適用，輸入部品の為替優遇，金融的便益，ブラジル

図表2-1　ブラジル自動車産業政策と新規プレーヤーの参入

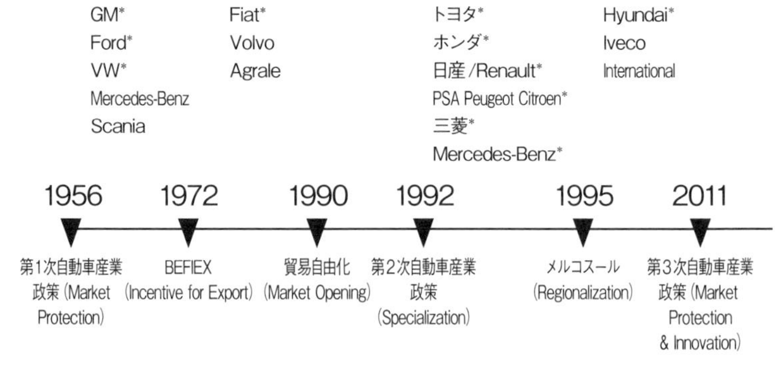

注：＊は乗用車メーカー

出典：Ibusuki, Kobayashi, & Kaminski（2012）

国立経済社会開発銀行（BNDES）による有利な融資保証が含まれていた。この国産化要件には，乗用車の場合，4年間で達成しなければならない非常に厳しい国産化率を含んでいた。この政策は，ブラジルの自動車産業の立ち上げを実現した。

2. BEFIEX（特殊輸出プログラム）（1972年）：自動車産業をさらに発展させ，アルゼンチンとの地域統合を開始するための輸出促進のための政府のインセンティブが設定された。これは1972年以降実施された政策で，企業の輸出プログラムと投資プロジェクトを結びつけたBEFIEXという政策である。産業財を生産し輸出した企業にインセンティブが与えられた。企業が機械，設備，およびインプットを輸出するとき，輸出額の1／3までは免税または減税が適用された。この施策は，自動車業界を中南米市場に組み込むきっかけとなった。

3. 貿易自由化（1990年）：1990年代初めにフェルナンド・コロール大統領により突然始まった貿易自由化の決定は，すでに国内に工場をもつ製造企業を慌てさせることとなった。近代化した自動車輸入量の急激な上昇は国内競争を激化させ，今まで技術の遅れた製品を近代化させ，低い生産性と陳腐化した品質基準を近代化させる必要性を明確にした。そして技術の進んだ輸入車に対抗できるように早急に改善する必要性を明らかにした。その結果，ブラジルの自動車組立企業が実施した投資額は，1980年代の5400億USドルから1990年代の1兆6600億USドルに増加した（ANFAVEA, 2002）。投資の最大のシェアは，ブラジル国内にすでに進出していた企業による現地組立工場の近代化と製品ポートフォリオのアップグレード，国際基準に比べ陳腐化していた法制度の更新，または全く新規の組立工場の建設であった。残りの投資部分は，ブラジルの自動車産業に新たに参入した企業によってなされた。この新政策は，国内自動車産業にさらなる競争をもたらし，技術レベルの向上に大いに貢献した。

4. 第2次自動車産業政策（1992年）：これは消費者市場の成長を回復させ，投資と輸出にインセンティブを与えることを目的とした政策であった。新規参入企業は，新しい工場を建設する大きなインセンティブを得て市場に参入した。消費税優遇により消費者車価格を引き下げるための政策は，地方の需要を高め，雇用水準を維持した。最も重要な措置のひとつは，1000 cc までのエンジンを搭載した自動車の工業製品税（Imposto sobre Produtos Industrializados : IPI）をゼロにして，低価格，低出力の自動車の「大衆車」の概念を生み出すことであった。このセグメントの売上高は増加を続けた。2001 年までに 1000 cc 以下のエンジンをもつ車の国内シェアは自動車市場の 70% を占め，自動車市場の質的変化をもたらした。この政策は，エントリーカー・セグメントに対する新たな需要を創出した。

5. メルコスール（Mercosur）（1995 年）：これは，メルコスール諸国間の自由貿易協定（FTA）を意味し，輸入と輸出のバランスをとる条件を整備した。この政策は自動車メーカーに，貿易収支と地域内企業間取引のためのダブルの工場立地を誘導した（つまりブラジルとアルゼンチン両方に工場をもち相互の輸出入でバランスをとる）。メルコスール地域に工場を構える企業では，輸入税が部品に関しては 17% から 2.5% に，完成車両の関税は 70% から 35% に減少し，国産化率が 60% となった。ブラジルと他のメルコスール諸国との貿易は，アスンシオン条約締結の前年 1990 年には 3660 億 US ドルであったが，税自由貿易協定の初年度の 1995 年には 1 兆 2990 億 US ドルに増加した。この政策は，主要なラテンアメリカ自動車貿易取引を推進することとなった。
6. 第 3 次自動車産業政策（2011 年）：2011 年 8 月に発表された（Inovar-Auto）は，ブラジルにおける自動車産業政策の前進と考えることができる。Inovar-Auto は，イノベーション促進と生産チェーンの国産化強化に焦点を当てている。この詳細は，次の項で説明する。

2-1-3　ブラジルの新しい自動車産業政策：Inovar-Auto

2012 年 10 月，ブラジル政府は，いわゆる Inovar-Auto とも呼ばれる自動車業界のための新政策を承認した。それは自動車サプライチェーンの技術革新と高密度化へのインセンティブ・プログラムである。

この政策の主な目的は，ブラジルで製造される車両の産業および国内市場保護，投資と技術革新の促進，エネルギー効率改善にある（MDIC, 2012 a, 2012 b）。Inovar-Auto プログラムは，最初のステップとして，対象製品の IPI を 30% 引き上げる。2番目のステップとして，Inovar-Auto の条件を認定された企業が自動車の IPI 負担の大半を相殺する税額控除を受けられる。さらに，特定の条件（ICCT, 2013；Marx & De Mello, 2014）のもと，メルコスールとメキシコから輸入される自動車の IPI の 30% の削減を可能にする。

1）認定のための条件

Inovar-Auto プログラムには，以下の3種類の認定がある。

・国内メーカー向け

・ブラジルでの製造活動のない国内の販売業者向け

・国内生産能力への投資家（「新規参入企業」）向け

これらのケースのいずれにおいても，認定プロセスは，この政策に関心のある企業から開発商工省（MDIC）への申請で始まる。申請会社が 2012 年の法令第 7, 819 号に定められた一般的かつ特定の要件をすべて満たしていることを確認すると，開発商工省は実施命令により認定する。

2）必要条件（図表 2-2 を参照されたい）

Inovar-Auto プログラムの認定資格を取得し，税制優遇益を得るためには，申請企業は一般的および特定の性格のいくつかの条件を満たさなくてはならない（MDIC, 2012 a, 2012 b）。このプログラムに参加することを望む自動車メーカーには，2つの一般的な要件がある。

1. ブラジル連邦の決めるすべての納税制度に準拠すること。
2. 特定の車両エネルギー効率目標を達成する。つまり国内メーカーは，2017 年までにブラジルで販売される乗用車のエネルギー効率を最低 12% 向上させる。

また，認定された企業の種類によって異なるいくつかの特定要件がある。原則として，認定の資格を得るためには，少なくとも次の3つの条件を満たす必要がある。

図表 2-2　Inovar-Auto の必要要件

項目	条件	2013年	2014年	2015年	2016年	2017年	解説
連邦税	業務	……………………▶					実施
燃費効率	業務	……………………▶					最低12%向上（2012年からのレベルは2.07 MJ/km）
R&D 活動		0.15%	0.30%	0.50%	0.50%	0.50%	税金および売上高を除いた商品およびサービスの販売に起因する総収入に基づいて計算された最低%
エンジニアリング,基本産業技術,サプライヤー能力向上	3つの内2つ	0.50%	0.75%	1.00%	1.00%	1.00%	
ラベリング		36%	49%	64%	81%	100%	車両売り上げの最低 %
製造活動	義務	12中8	12中9	12中9	12中10	12中10	

出典：MDIC（2012 a, 2012 b）を基に筆者作成

〈必須条件〉

・申請企業が生産する車両の 80% 以上の主要生産活動がブラジルで行われる（MDIC, 2012 a)。乗用車および軽商用車の製造工程は，成形，溶接，塗装および防食処理，プラスチック射出成型，エンジン製造，ギヤボックスおよびトランスミッション製造，ステアリングおよびサスペンションシステム組立，電気システム組立，アクスルおよびブレーキシステム組立，シャーシー組立，最終組立，最終検査と比較試験，そして製品開発およびテストのための実験研究室から構成される（MDIC, 2012 a, 2012 b)。

〈以下 3 条件の内 2 条件を選択可能〉

・ブラジルにおける研究開発活動に支出をする。研究開発（R&D）に対する支出の最小閾値は，税金および売上高を除いた総収入を基に計算して，2013 年に少なくとも 0. 15% から 2014 年には 0. 30%，2015～2017 年には 0. 50%（MDIC, 2012 a, 2012 b)に増加する。研究開発費支出とは，基礎研究，応用研究，実験開発および技術支援に関連する費用である(MDIC, 2012 a, 2012 b)。

・エンジニアリングに対する支出。基本的な産業技術，サプライヤーの能力構築に関するブラジルでの支出。エンジニアリングおよび産業技術に

図表 2-3　減税の流れ

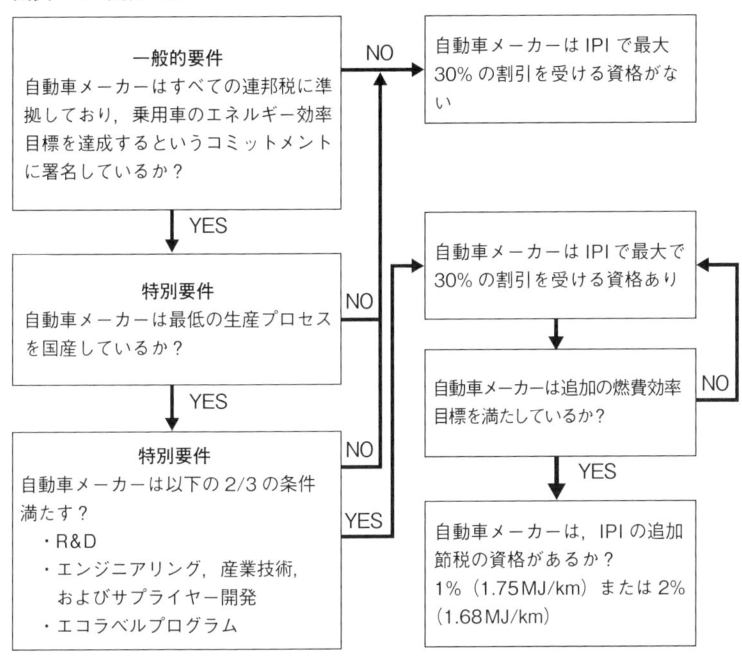

出典：ICCT（2013）http://www.theicct

関するブラジルの支出の最小閾値は，商品およびサービスの販売による総収入に基づいて計算され，2013 年の最低 0.50% から 2014 年の 0.75% および 2015〜2017 年の 1.00% に増加する（MDIC, 2012 a）。エンジニアリングと産業技術に関する認められる種類の支出は，エンジニアリングの開発，基本的な産業技術，研究開発に携わるスタッフの教育・訓練，車両や車両部品を含む製品の開発，研究所の建設，工具，金型，供給業者の開発に関連する金型開発に関わる活動をさす（MDIC, 2012 a, 2012 b）。

・ブラジルのエコラベルプログラム（プログラム Brasileiro de Etiquetagem Veicular）への参加。それは，新規参入者の場合には適用されないが，国内の製造業者および国内の販売業者のみに適用される。ラベリングプログラムに参加すべき製品の閾値は，次のように増加する――2013 年に 36%，2014 年に 49%，2015 年に 64%，2016 年に 81%，2017 年に 100％（MDIC, 2012 a, 2012 b；Marx & De Mello, 2014）。

これらの特定の要件は，Inovar-Auto プログラムに認定される可能性のある前述した3つの異なるタイプの企業によって異なる。そのひとつの国内メーカーの場合は，次の3つの要件の内2つ，すなわち研究開発への投資，エンジニアリングと産業技術への投資，エコラベルプログラムへの参加の内2つを実行することを選択することができる。例えば，企業は自動車ラベル作成プログラムに参加する場合，研究開発への投資とエンジニアリングおよび産業技術への投資のどちらかを選択することになる。

さらに，これらの要件を満たす自動車メーカーは燃費効率に関して，最低要求％を超えたときに追加節税がなされる。1.75 MJ/km に対し 1％，1.68 MJ/km に対して 2％ の減税である（ICCT, 2013；MDIC, 2012 a, 2012 b）。

2-1-4　2018 年以降の新自動車産業政策：ROTA 2030

Inovar-Auto の後継政策，ROTA 2030（2030 年へのルートという名称）という，ブラジルの新自動車政策を承認するために，ブラジルの自動車産業のステークホルダーの間でさまざまな議論がなされた。基本構造は Inovar-Auto であるが，WTO によって批判された保護措置や，国産車と輸入車の間の差別税などは除外されている。学術研究機関，自動車メーカー間でこの新自動車政策を議論するために，6つのワーキンググループ（WG）が設立された。各 WG が要求する特定の条件に従って税制優遇措置とインセンティブを確定するための枠組みを議論した（MDIC, 2018）。

・WG 01：自動車部品産業グループ
・WG 02：研究開発
・WG 03：エネルギー効率
・WG 04：車両の安全性
・WG 05：競争力強化のためのコスト構造
・WG 06：EV およびハイブリッド車

ROTA 2030 プログラムは，遂に 2018 年7月に政府によって承認された

(MDIC, 2018)。国全体の問題であるWG 05を除き，上記WGのすべての要件が取り入れられ承認された。ROTA 2030の認定は，OEMおよび自動車部品サプライヤーから次の条件を満たすことで承認される。

1. 5年間で約12%の燃料効率を向上すること。この目標を超えた燃費効率を達成した場合，IPI上で2%追加減税を行う。
2. 衝突強化剛性車体および支援運転技術，および自動運転レベル2（ESC，ブレーキアシスト，ライン維持）を装備した場合，追加減税1%。
3. 戦略的研究開発投資を年間0.8%から1.2%行った場合，投資額の10%から最大15%を企業へ還付する。戦略的投資とは，高度な製造，コネクティビティ，モビリティとロジスティクスの戦略的ソリューション，新しい車両の推進または自動運転，金型や金型の開発，ナノテクノロジー，ビッグデータ，分析的予測システム（データ分析），人工知能などを指す。
4. ハイブリッド車と電気自動車にかかる現在の25%課税から，燃料効率と重量に応じて20%から7%課税までIPIを減税する。

参考文献：

ANFAVEA (Associação Nacional dos. Fabricantes de Veículos Automotores) (2002). Industry Yearbook, [online]http://www.anfavea.com.br (accessed 20 February, 2015).

ANFAVEA (Associação Nacional dos. Fabricantes de Veículos Automotores) (2016). Industry Yearbook, [online]http://www.anfavea.com.br (accessed 15 April, 2016).

Ibusuki, U., Kobayashi, H., & Kaminski, P. C. (2012). "Localization of Product Development Based on the Competitive Advantage of Location and Government Policies: A Case Study of Car Makers in Brazil," *Int. J. Automotive Technology and Management*, Vol. 12, No. 2, pp. 172-196.

ICCT (International Council on Clean Transportation) (2013). Brazil's Inovar-Auto Incentive Program, [online]http:// www.theicct.org (accessed 24 October, 2015).

Marx, R. & De Mello, A. M. (2014). "New Initiatives, Trends and Dilemmas for the Brazilian Automotive Industry: The Case of Inovar Auto and Its Impacts on Electromobility in Brazil," *Int. J. Automotive Technology and Management*, Vol. 14, No. 2, pp. 138-157.

MDIC (Ministério da Indústria, Comércio Exterior e Serviços) (2012 a). Law No 12. 715, [online]http://www.planalto.gov.br/ccivil_03/_ato 2011-2014/2012/lei/l12715.htm (ac-

cessed 26 July, 2015).
MDIC (Ministério da Indústria, Comércio Exterior e Serviços) (2012 b). Decree No 7. 819, [online]http://www.planalto.gov.br/ccivil_03/_ato 2011-2014/2012/lei/l12715.htm (accessed 26 July, 2015).
MDIC (Ministério da Indústria, Comércio Exterior e Serviços) (2018). Rota 2030 Mobilidade e Logística, 2018, [online]http://www.mdic.gov.br/comercio-exterior (accessed June 20, 2017).
WTO (World Trade Organization) (2017). Dispute Settlement DS 472: Brazil-Certain Measures Concerning Taxation and Charges, [online]https://www.wto.org/english/tratop_e/dispu_e/cases_e/ds 472_e.htm (accessed July 24, 2017).

2-2 ブラジル・コスト

Luiz Carlos Di Serio
Alexandre de Vicente de Bitter
Carlos Sakuramoto
塚田　修（訳）

2-2-1 はじめに

次の事例によりこのブラジル・コストをより分かりやすく説明することができる。ブラジル機械・装置工業会（ABIMAQ）は，ブラジルとドイツの機械生産コストを比較し，両者の生産と設備構造が同じであるにもかかわらずブラジルでの生産コストが37％高いとの結論に達した。最大の違いは，原材料原価（20.5％），資金の金利の差（6.5％），生産プロセス・チェーン（4.7％）での回収不能な税による影響（ABIMAQ, 2013）であるとの調査結果を出した。

国による負担は，経済に必要な税負担の大きさで表すことができる。税負担を対GDP比で表した税率を比較すると，ブラジルはカナダ，イスラエル，イギリスという先進国と同じレベルにある。しかし，これらの国は1人当たりGDPがブラジルよりも4～6倍高い（図表2-4）。

ブラジルは税負担の平均を示す破線より上の方に位置していることが分か

図表 2-4　GDP と税負担の関係　(2015 年)

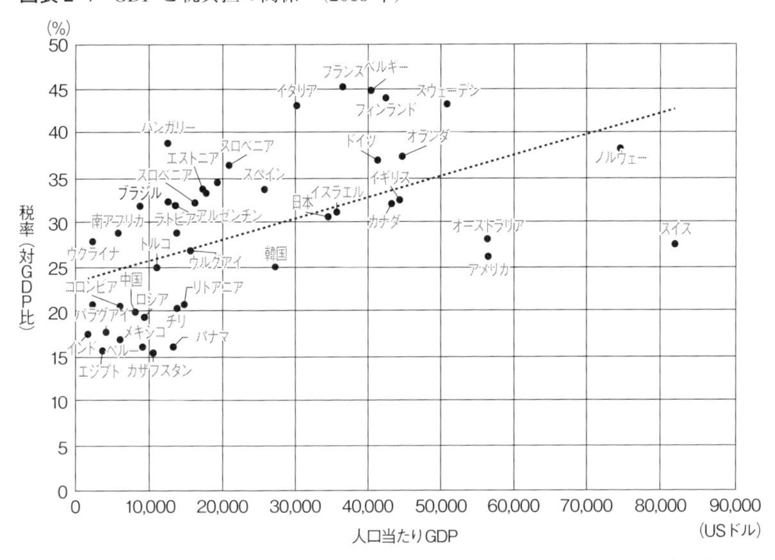

出典：GDP と税負担の関係；税率（GDP の%）は World Bank（2015），人口当たり GDP は OECD, Country Economy（2018）

る。1人当たり GDP が1万 US ドルを下回っているグループにはブラジルより税負担の多い国はない。1人当たり GDP が1万 US ドル以上のラテンアメリカの国々（チリ，パナマ，ウルグアイの場合）はすべて平均破線より下にあり，同じ1万 US ドル以下のグループのラテンアメリカ諸国（メキシコ，コロンビア，パラグアイ，ペルー）もブラジルより税負担が低いことが分かる。

本研究の目的は，国の発展を妨げ，競争力を制限するこのブラジル・コストの理解を深めることである。我々は，世界経済フォーラム（World Economic Forum : WEF），Global Competitiveness Report（WEF, 2017）によって分析された国家競争力の視点から，これらの制約のいくつかを分析する。

2-2-2 「ブラジル・コスト」という言葉の発生由来

ブラジル・コストは，国の生産活動の付加的コストを定義するために使用された。1995年になって，この言葉はブラジルの政治的な語彙に不可欠なものとなった。ブラジル全国工業連盟（CNI）は，ブラジル・コストの意味とその理解の仕方を解説した小冊子を発表した（Oliveira, 2000）。CNIの小冊子で詳述されている主な非効率性は，(1)不平等な税負担を課す歪み，(2)労働関係を硬化させ，過剰な費用をもたらす労働法，(3)教育と保健システムの弱さ，(4)輸送インフラの老朽化による高い物流コスト，(5)エネルギーシステムの問題，(6)高い資金調達コスト，(7)経済活動の過度な規制に関連した高い取引コスト（CNI, 1995）からなっているという。

2-2-3　国家の競争力比較

競争力を測定するために，WEFは，生産性と長期的な繁栄にとって重要な側面を把握する指標を12の柱で構成する国際競争力（Global Competitive Index : GCI）ランキングとして定義した。その中に各経済における挑戦と成長の障壁を特定できる114の項目がある。これらの指標は，生産性を制約する条件が何であるかを明らかにしている。ブラジルの場合，これらの制約がブラジル・コストを形成している（図表2-5）。

世界競争力指数のランクでは2013年から2017年の5年間に，ブラジルの競争力ランキングは24ランク下がってしまった（第56位から第80位へ下落）。

2-2-4　自動車産業における生産性制約要因

ブラジル・コストの定義を念頭に置いて，制約要因は法的，制度的，官僚主義的，インフラストラクチャー（インフラ）などに分けることができる（図表2-6）。

1）法的制約

主な法的制約は税法と関連している。総税負担は他のどの新興国よりも重い（GDPの36%）。所得税も他のどの国よりも高く，給与の58%を占めて

図表2-5　ブラジルの国際競争力（GCI）比較（137国中のランキング，2017年）

主要項目ランキング		評価内容ランキング	
1．公的機関	109	政治家への信頼性	137
		公的資金の転用	134
		汚職と不正	107
		政府支出の効率	133
		政府規制の負担	136
		規制の修正しやすさ	98
2．インフラストラクチャー	73	道路の質	103
		鉄道網の質	88
		港設備の質	106
		空港設備の質	95
3．マクロ経済指標	124	政府予算のバランス	124
		インフレーション	119
4．健康および初等教育	96	初等教育の質	127
		初等教育への参加度	94
		平均寿命	71
5．高度教育とトレーニング	79	教育システムの質	125
		学校管理のシステム	95
6．物的市場効率	122	税負担	136
		開業までの必要日数	133
		交易税	121
		関税負担	124
7．労働市場効率	114	労使の関係	106
		雇用と解雇	136
8. 金融市場状況	92	金融サービスの存在	98
		金融サービスの受けやすさ	130
9. 技術レベル	55	最新技術の存在	78
		企業レベルでの吸収力	59
10. マーケットサイズ	10	国内市場インデックス	7
		国外市場インデックス	27
11. ビジネスの成熟度	56	競争優位性の特性	110
		バリューチェーンの幅	63
12. イノベーション	85	イノベーション能力	73
		科学者，技術者の入手可能性	90

出典：WEF（2017）を基に筆者作成（全体レポートに関してはWEF，2017，p. 71参照）

図表 2-6　ブラジル・コストを念頭に置いた制約要因と GCI ランキング（2017 年）

制約要因		GCI ランキング（137 国中のランキング）
法律	過度な税負担	134
制度	汚職	137
官僚主義	輸出入の処理時間	124
	政府の要求への事務処理の負担	136
	新規ビジネス起業の容易さ	133
インフラ	インフラの整備度	108
その他	貿易関税（% duty）	121
	融資の受けやすさ	130

出典：WEF（2017）を基に筆者作成

いる。ブラジルで生産される自動車への高い消費課税もあり，結果としてメキシコよりも約 80% も高いコストになる（The Economist, 2013）。

高い税負担は，生産や販売から公共の電気税にいたる，細分化された 93 種類の異なる税金を課す極めて非効率な税制の結果である。

ブラジルの税制はかなり複雑である。製造会社は，この複雑な税規制を遵守し，申告処理するために年間 1948 時間を必要とし，190 カ国中でも高い数値で（World Bank, 2018）あり，他のラテンアメリカ諸国よりもはるかに高い（例えば，アルゼンチンは 311.5 時間，チリは 291 時間必要）。

2）制度的制約

ブラジル国民の自国の政治家に対する信頼感は最悪の状況にあり，公的資金の悪用についてのランキングは第 137 位の地位を占めている。ブラジルでは，汚職の問題は新しいテーマではなく歴史的課題である。新しい動きは，汚職に対する厳しい追及の姿勢と行動である。2014 年以来，数十億ドルの賄賂を受けたマネー・ロンダリング・スキームを調査し，「汚職追及捜査プロジェクト：Operação Lava Jato（ラヴァ・ジャト）」という名前で一連の捜査が行われている。

3）官僚主義的制約

官僚主義は，国内のビジネスの発展を阻害し，経済取引が完全に機能することを妨げ，企業家精神を妨害する。

企業を興こすには，OECD加盟国では平均6回の手続きで済むのに，ブラジルでは16回の手続きが必要である。企業の閉鎖にかかる時間はブラジルでは4年，先進国では1.8年である。従業員を解雇する費用は給与46週間分に相当し，OECD加盟国の平均である29週間分（ETCO, 2010）に比べ極めて高い。

官僚主義は国際貿易にも影響を与え，輸出入プロセスの非効率性をもたらす。

税関手続きの負担のランキングでは，ブラジルは第124位で極めて低い生産性である。港湾運営における官僚機構による財政コストの潜在的な削減可能額は，平均してブラジルにおける水路輸送モードの総費用の10%に相当する。

4）インフラ上の制約

遅れている輸送インフラに加えて，ブラジルはバランスの悪い輸送手段ミックス（図表2-7）になっている。道路輸送に過度に依存し，1km当たりの輸送トン数の63%は道路輸送で行われている。ブラジルの輸送政策は1950年代に遡る。自動車産業の導入促進のために道路の建設には歴史的に

図表2-7　輸送手段ミックスの比較　（単位：%）

輸送手段	ブラジル(2016)	米国（2012）	EU（2012）
	TKM	TKM	TKM
道路	63	31	46
鉄道	21	37	11
水路	13	11	40
パイプライン	3	21	3
空路	0.1	0.3	0.1

注：TKM＝トンキロメートル
出典：ILOS（2017）を基に筆者作成

図表 2-8　エネルギー，水コストの国際比較

	ブラジル	ヨーロッパ	アルゼンチン	メキシコ
ガス（€/m³）	0.40	0.36	0.11	0.14
電気（€/kWh）	0.10	0.06	0.04	0.05
水（€/m³）	0.81	0.58	0.09	0.41

出典：ANFAVEA（2011）を基に筆者作成

優先順位が与えられ，多くのインセンティブが与えられた。他の輸送モードは，ブラジルではあまり顧みられず，予算配分が少なくなっていた。

ブラジルにはエネルギー代替入手可能性とその豊かさがあるにもかかわらず，ユーティリティーとエネルギーコストは高い。図表 2-8 は，いくつかの国の電力コストとエネルギーコストの違いを比較したものである。

5）国際貿易依存度

ブラジルは歴史的に国際貿易依存度の低い国といえる。国際貿易を商品とサービスの輸出入の合計と見なすと，ブラジルは世界で最も低い比率を占めている。

輸入関税はラテンアメリカの中で 2 番目に高く，なんとベネズエラの次に高い。輸入貿易を見てみよう。ブラジルは世界第 26 位の輸入国。主な輸入品は，石油精製品，自動車部品，包装された薬，電話機，原油である。自動車部品は輸入総額（OEC, 2018）の 3.6% を占める 2 番目の主要輸入品のカテゴリーである。

6）高い資本コスト

もうひとつの要素は，第三者の資本コストだ。第三者からの資金調達には，資本市場で債権を売却する方法と，銀行から借入を行う方法がある。ブラジルの資本市場は小さいので，資金調達の主な源泉は少数の銀行に集中している。5 大銀行は，金融システムの資産の 75.5% を占め，銀行支店の 90%（BACEN, 2015）を占めている。借入コストは，ブラジル・バンキング・システムによって課せられる高いスプレッドのために高額となる。

2-2-5　自動車産業におけるインパクト

ブラジルの自動車価格は，他の国と比較して相対的に高価である。車の取得しやすさ指数（毎月の個人的な可処分所得のパーセンテージとしての自動車の価格）では60カ国のうち30番目から45番目（EIU, 2016）に位置している。主な原因は，高税金，弱い競争力，国内市場の保護（WTO, 2017）である。自動車業界の競争力に影響を及ぼすのはブラジル・コストである。ブラジルにおける自動車産業の製造コストは，中国，インド，メキシコよりも40％近く高い。ブラジルの生産コストを100％として他国と比べると図表2-9のようになる。平均ギャップは37％に達する。

自動車生産コストの4つの要素について分析を深めれば，ブラジルはすべ

図表 2-9　国別自動車製造コストの比較（ブラジルを100とした場合）

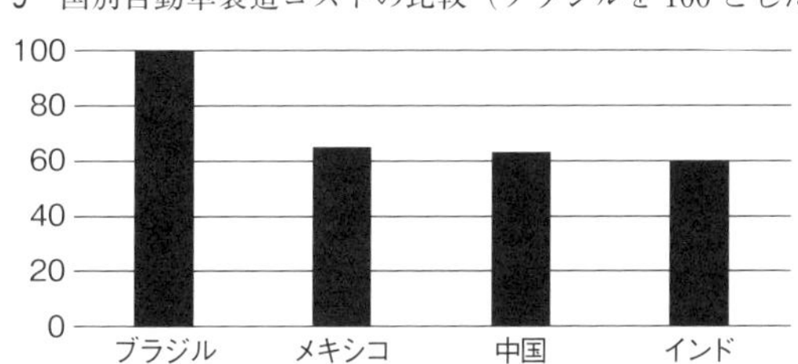

出典：ANFAVEA（2011）を基に筆者作成

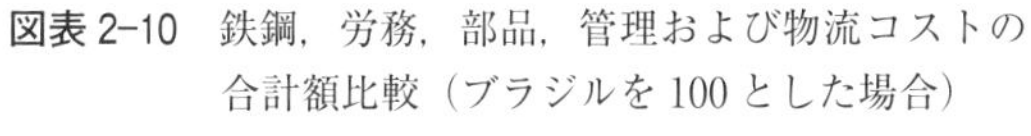

図表 2-10　鉄鋼，労務，部品，管理および物流コストの合計額比較（ブラジルを100とした場合）

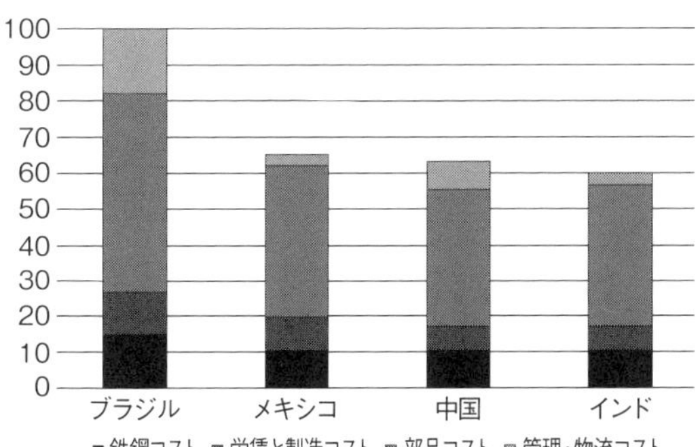

出典：ANFAVEA（2011）を基に筆者作成

てが高い（図表2–10）。4つのコスト要素は，以下のように定義された。鉄鋼コスト，労賃と製造コスト，部品コスト，管理・物流コストである。原材料費もブラジル・コストの影響を受ける。同じ国別で鉄鋼の生産コストを比較すると，その差は約4％である。鉄鋼部品はブラジルの自動車産業の総生産コストの15％を占めるが，他の国では約10.7％である。

労働コストも他の国より高い。ブラジルでは12％であり，メキシコ（9％），中国（6.7％），インド（6.6％）より高い。ブラジルでの生産にかかる労働コストは他国平均よりも約5％高い。現地で生産されたものであれ，輸入されたものであれ，部品のコストの差は極めて大きい。その平均コストは約44％高い。管理費や物流コストも他国よりかなり高い。これらの諸コストを同じグラフに示すとブラジル・コストが大きな影響を与えていることは明確である。

2–2–6　まとめ

このように自動車関連企業のリーン生産方式移転に始まるさまざまな生産性向上活動の努力にもかかわらず，ブラジル・コストという効率の悪い制度のために国際競争力をもつことが困難である。産業人はすべてこの問題を理解しており，このブラジル・コストの解消を願っているが，残念ながら今のところこの改革には実現する目途が立っていない。

参考文献：

ABIMAQ（Associação Brasileira da Indústria de Máquinas e Equipamentos）（2013）. [online] http://www.abimaq.org.br/Arquivos/Html/DEEE/130715%20-%20 Custo%20 Brasil%20 (III). pdf (accessed 28 February, 2018).

ANFAVEA（Associação Nacional dos. Fabricantes de Veículos Automotores）（2011）. Competitividade do Setor Automotivo. Presentation of Fábio Fernandes on June 7th, 2011, [online] http://www.anfavea.com.br/ (accessed June 14, 2017).

BACEN（Banco Central do Brasil）（2015）. 50 Maiores Bancos e o Consolidado do Sistema Financeiro Nacional, [online] http://www4.bcb.gov.br/fis/TOP 50/port/Top 50 P.asp (accessed 15 September, 2015).

CNI（Confederação Nacional da Indústria）（1995）. *Cartilha Custo Brasil.*, São Paulo, Confederação Nacional da Indústria.

EIU (The Economist Intelligent Unit) (2016). Industry Report-Automotive-Brazil, [online] http://www.eiu.com/FileHandler.ashx?issue_id=1584474142&mode=pdf (accessed 07 March, 2018).

ETCO (Instituto Brasileiro de Ética Concorrencial) (2010). Xô Burocracia, [online]https://www.etco.org.br/etco-na-midia/benjamin-steinbruch-xo-burocracia/ (accessed 06 April, 2018).

IBGE (Instituto Brasileiro de Geografia e Estatística) (2015). Série Histórica do PIB, [online] https://agenciadenoticias.ibge.gov.br/media/com_mediaibge/arquivos/7531a821326941965 f 1483 c 85 caca 11 f.xls (accessed on January, 2017).

ILOS (Instituto de Logística e Supply Chain) (2017). *Panorama ILOS: Custos Logísticos no Brasil,* Rio de Janeiro, ILOS, 2017.

OEC (The Observatory for Economic Complexity) (2018). [online]https://atlas.media.mit.edu/pt/profile/country/bra/#Ranking_da_Complexidade_Econ%C3%mica (accessed 07 March, 2018).

OECD (The Organization for Economic Co-operation and Development) (2018). Tax Revenue, [online] https://data.oecd.org/tax/tax-revenue.htm (accessed 01 March, 2018).

Oliveira, D. (2000). "A Cultura dos Assuntos Públicos: O Caso do 'Custo Brasil'," *Revista Sociologia e Política,* 14, pp. 139-161.

The Economist (2013). Grounded-Special Report: Brazil, 26 th Sep., 2013, [online]https://www.economist.com/americas-view/2013/09/26/grounded (accessed February, 2017).

WEF (World Economic Forum) (2017). The Global Competitiveness Report 2017-2018, [online] https://www.weforum.org/reports/the-global-competitiveness-report-2017-2018 (accessed 23 February, 2018).

World Bank (2015). GDP per Capita (current US$), [online]https://data.worldbank.org/indicator/NY.GDP.PCAP.CD?end=2015&start=1960 (accessed 01 March, 2018).

World Bank (2018). Doing Business 2018, [online]http://portugues.doingbusiness.org/~/media/WBG/DoingBusiness/Documents/Annual-Reports/English/DB 2018-Full-Report.pdf (accessed 05 March, 2018).

WTO (World Trade Organization) (2017). Trade Policy Review: Brazil, [online]https://www.wto.org/english/tratop_e/tpr_e/tp 458_e.htm (accessed 06 March, 2018).

2-3　雇用制度と労働組合

Alexandre de Vicente de Bitter
Luiz Carlos Di Serio
Carlos Sakuramoto
塚田　修（訳）

この節の目的は，読者にブラジルにおける自動車産業の労働法制度と組合制度の発展を国の歴史，経済の状況と関連させて説明することにある。

2-3-1　ブラジルにおける自動車生産と雇用の発展過程

1976年から1991年までは，ブラジルは自動車や関連機器の輸入が禁止されるという極めて特異な期間であった。1976年自動車に関するものの輸入は禁止され，そのためブラジルは経済的に先進国から隔離された状態にあった。そのため自動車企業はオートメーション機器や機械を国内の旧式の技術しかもたない会社から買わざるを得なかった。電子部品を国内で入手することも極めて困難であった。そのためブラジルのトップ4社であるGM，Ford，VW，Fiatは保護された市場を謳歌する一方，新技術へのアクセスもない状態になっていた。この状態のもとでは競争はなくなり，4社の寡占状態となって，高い価格が設定され，技術への新規投資が停滞した。

1991年，フェルナンド・コロール大統領は突然輸入市場の開放を決定した。この決定により自動車の輸入が急増した。当時よく言われた冗談は，国産車は輸入車に比べ技術レベルが低く，まるでおもちゃだというものだ。1998年には輸入車が急増し，新規登録車の20％までになった。

1994年新通貨レアルが導入された後，インフレが鎮静化して経済が安定化に向かい，新しい自動車会社がブラジルに投資する環境が整った。輸入車の好調な販売，ブラジル国内市場の大きさ，経済の安定化，新事業の発展そしてメルコスール統合による新自動車市場の誕生などは，この時期に新しい

図表 2-11　ブラジルの車両生産台数と従業員数の趨勢

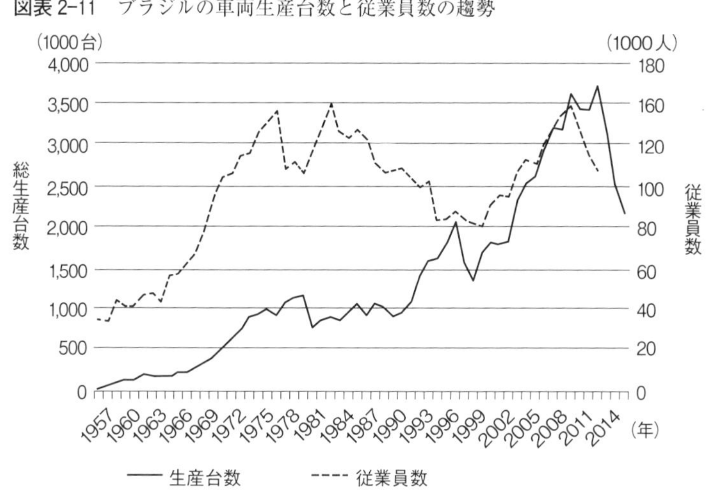

出典：ANFAVEA（2017）

自動車企業が海外から進出し新工場を設立する良い環境条件となった。

海外資本はブラジルに新工場を建設する，新技術を移転する，新モデルを発売するという活動に投資するのみならず，業界変遷の波にのまれ苦境に陥ったローカル部品製造会社の買収も行った。Bedê（1997）は当時の連邦政府の施策が，組立メーカーへのインセンティブのみを考え，部品メーカーへの配慮が不足していたと批判している。この結果，数年のうちに多くの部品メーカーが多国籍企業により買収されてしまった。国産資本がマジョリティをもつ部品メーカーの比率は，1996 年の 75.1％ から 2007 年には 57.6％に低下してしまった。

1980 年代は経済停滞の時期で生産量は 1980 年に 116.5 万台であったが，この生産量は 1980 年代末まで低迷を続け，1993 年に初めてそれまでの数を上回り 139.1 万台となった。図表 2-11 から従業員数は 1981 年から急回復し 1980 年代は比較的高い水準で推移したことが読みとれる。この時期は自動車生産企業が寡占状態であったために，従業員数が相対的に高い水準で維持されたものとみられる。

生産量と従業員数の比で表される生産性について調べてみよう。図表 2-12 に見られるように 1972 年から 1990 年までの間，生産性は実質的に横ばいで

図表 2-12　ブラジルの車両生産性の状況

出典：ANFAVEA（2017）

あった。この期間は生産者寡占状態でしかも輸入を禁止し，新技術もブラジルへ入らず生産性向上に向けての活動はほとんどなかったといえよう。

1992 年から 1997 年は自動車産業にとり，大きな変革の時期であったといえる。この間の累積増加は 93% に達する。経済の安定化と市場開放が組立メーカー間の競争意識を刺激し競争力が向上した。この間，生産に関する新設備や技術とともに，初めてトヨタ生産方式がブラジルに持ち込まれ生産性が増加した。

しかしながら，1990 年代の大改革で多くの労働者が解雇され，特にサンパウロの歴史的自動車産業発祥の ABC 地域（サンパウロ南東部の 3 つの地区）は未曾有の混乱に陥った。ABC 地域はまさしくブラジルにおける自動車産業のゆりかごともいえる地域であったが，1990 年代後半からは新工場は ABC 地域以外に造られるようになった。

図表 2-12 は 1992 年から最近まで生産性が順調に伸びてきたことを示している。その間の 1998 年から 2000 年までは世界的不況とブラジルの通貨危機があり，ブラジル自動車産業にとって，これまでで 2 番目の危機の時期であった（Guimarães & Hagemann, 2016）。

この危機の後，自動車産業市場は 2002 年から 2014 年まで 137% 増加した。これは年率にすると 10% を超える成長であった（ANFAVEA, 2015）。

そしてこの成長率は国家経済全体の伸びである3.46％（IBGE, 2015）を大幅に超える数字であった。

2-3-2　雇用法

自動車産業は労働法遵守の優等生のようなセクターである。つまり，メーカーはほとんどが多国籍企業であり，現地政府との関係で問題を起こすことを嫌う。また労働組合が種々の産業の中でも最も強く，不備を突かれたくないという理由からも遵法になったといえる。例えば，企業側も，労働者側も政府側も，労働日数，残業，休日，社会保障制度への貢献などにおいて模範的であろうとする。労働法はポルトガル語でConsolidação das Leis do Trabalho でCLTと呼ばれる統合労働法である。自動車産業の労働者も総括合意，ポルトガル語でConvenções Coletivasのもとにある。企業は，この総括合意の内容を組合とともに前進させ，改善することに合意している（Cardoso, Augusto Júnior, dos Santos, Viana, & Camargo, 2015）。

この項でCLTについて概観する。このCLTは自動車産業のみならずブラジル経済全体をカバーする法律である。そこで，はじめに何が正規労働かを考えてみたい。それはある会社に雇用された労働者が，労働省より取得した「労働・社会保障手帳」という小冊子に雇用主から雇用条件などを記入してもらうことである。ブラジルのすべての労働者はこの労働・社会保障手帳をもち，どのような仕事についていたかがすべて記録される仕組みになっている。この手帳に記入した会社はCLTで規定された労働者の権利を守っていると考えられる。例えば，社会保障への貢献，勤続年限保障基金（FGTS），残業時間，休暇手当等である。一方で，不正規労働者は労働・社会保障手帳をもたず，CLTに決められた権利を有しないことになる。これは本人が非正規労働として働きたい場合や企業と合意して非正規労働とする場合，もしくは正規労働を見つけることができなかった場合に発生する。

次の項では総括合意と自動車産業の組合の仕事などについて考えていくこととする。

1）統合労働法（CLT）

前述したようにブラジルの労働法のベースはCLTにある。この法律は，ジェツリオ・ヴァルガス大統領が1937年から1945年の間の“Estado Novo（新しい国）”と呼ばれた時期に，それまでの法律と新しい考えを合体して1943年の5月1日法令第5,452号として発行したものである。その主たる目的は労働に関する労働法と労働関連法を網羅して，個人と集団の労働に関する法律を整備することにあった。CLTは922の条文で構成され，労働者とは何かに関する情報を網羅している。労働者の登録，労働期間（1日および1週間当たり），最低賃金，休暇，安全衛生および職場での健康管理，女性と子供の労働上の保護，社会保障，労働組合の規則などがある。

直近の改正は2017年の法律第13,467号により行われ，労働の柔軟化，例えば労働者はCLTに規定されている労働スケジュールにとらわれず，雇用主の必要性に合わせ労働日数や時間を決めることができる。また，法律よりも雇用主との合意が優先されるとか，アウトソーシングやホームオフィスの拡大である。失業問題の解決や経済危機から脱却するためCLTに100カ所以上の修正が加えられた。

2）労働コスト

労働者の賃金には，各労働者の契約給与だけでなく，連邦税（社会保障など），Sシステムと呼ばれる費用（SENAI，SESC，SESI，SEBRAEおよびSENACなどへの支払い，例えば，SENAIへの費用），FGTSをカバーするための資金，支払いが発生した給付金等，法律によって定義された費用（例えば，勤労者が勤務地まで往復する交通費），労働者への有給休暇手当および13カ月目給与（Noronha, De Nigri, & Artur, 2006）等すべてを含む。

この説明で明らかなように，労務費に加わる社会負担費用が幅広く存在する。CLTのもとで正式雇用契約を結ぶ社員を雇ったときに発生するこれらの高い社会負担費用については，ブラジルでは絶えず議論が行われている。ビジネス・コストを削減し，競争力を高める手段として，給与支給の負担を軽減する必要性について議論されている。この議論の理由は，社会負担が102％（図表2-13(A)）に達し，従業員の給与の2倍以上を雇用者が支払うこ

図表 2-13　社会負担費用の内容と１人の労働者を雇う時にかかる費用

(A)　社会負担費用の内容

費用タイプ	給与当たりの%
1. **社会負担**	35.8
社会保険	20.0
FGTS（退職金積立）	8
教育費	2.5
仕事上の平均事故費用	2
SESI	1.5
SENAI	1
SEBRAE	0.6
INCRA	0.2
2. **勤務時間外Ⅰ**	38.23
週休手当	18.91
有給休暇手当	9.45
休日出勤手当	4.36
休暇手当（給与の1/3）	3.64
企業都合による解雇	1.32
病気補助	0.55
3. **勤務時間外Ⅱ**	13.48
13カ月目給与	10.91
契約終了費用	2.57
4. **前項目の補足**	14.55
グループ2に対するグループ1の累積発生費	13.68
13カ月目給与にかかるFGTS	0.87
合計	102.06

出典：Pastore（1994）

(B)　給与を仮に1000レアルとした時の一人の労働者にかかる費用

費用	サブプロット（R$）	支出（R$）
1. 契約給与		1,000.00
2. 13カ月目給与と1/3付加休暇手当(月割当て)		111.11
3. 平均月給(1+2)社会負担算出ベース		1,111.11
4. FGTSと退職金(月割合)		118.00
5. 月平均支払(3+4)		1,229.11
6. 社会負担費用(R$1,111.11当たり)		308.89
6.1. INSS(20%)	222.22	
6.2. 仕事上事故(平均2%)	22.22	
6.3. 教育費(2.5%)	27.28	
6.4. INCRA(0.2%)	2.22	
6.5. SESI又はSESC(1.5%)	16.67	
6.6. SENAI又はSENAC(1.0%)	11.11	
6.7. SEBRAE(0.6%)	6.67	
7. 従業員の総支出(月毎)		1,538.00

出典：DIEESE（1997）

とになるという事実である（Pastore, 1994）。このような状況は，正規雇用の増加を阻害し，ブラジルを国際競争力上不利にする。これらの社会負担費用の大きさと複雑さは，CLTを守ることで雇用数の拡大が制限され，しかもCLTに守られない非正規労働の拡大を助長することになると主張する人々がいる。

この解釈については全く異なる別の見方もある。社会負担費用は，労働者が受け取った総報酬のわずか25.1%（308.89／1,229.11×100）（図表2-13(B)）を占めるだけであり，一般に社会負担費用と呼ばれるものの大部分はもともと給与に不可欠な部分であると主張する。このグループの主張は，社会負担費用が正規雇用数の増加を抑える理由になるほど高くはないという。そして，雇用問題は，投資を妨げ消費意欲を抑えるマクロ経済条件の問題であるという。

2つの考え方の違いは，給与概念の違いによるものである。最初の考え方では，給与は契約上の賃金であると考えている。それは従業員が実際に働いた時間である。2番めの考え方は，給与には，13カ月目の給与，1／3付加休暇手当，休暇手当，FGTS，および他の退職基金等，従業員が受け取るすべての費用が含まれていると見なされる。図表2–13(A)に(A)(B)両方の視点にCLTによって定義されたパーセンテージを示した。

図表2–13(B)の分析は，項目6に詳述された社会負担費用が，労働者に支払われる完全な報酬の25.1％に相当することを示している。したがって，給与に含まれる社会負担費用についての議論は次の2つを明確に区別する必要がある。つまり，会社が負担する費用は次の2つとなる。(1)有給休暇手当や13カ月目給与，FGTS等，個々の労働者の利益となる給付費用と，(2)社会全体の利益のための費用である。

CLTへのよくある批判のひとつは労働訴訟の過度の発生であり，これは企業にとって大きな負担となる。自動車業界における筆者の経験によれば，退職した10人の労働者のうち9人が，会社に対して何らかの訴訟を起こす。いわゆる「隠れたコスト」であり，会計で考慮されるが，明示的ではない。

例えば，従業員が会社を訴えるために使用される最も一般的な理由は次のとおりである。(1)契約職務内容に記載されていない仕事，(2)肉体傷害を引き起こす反復作業，(3)雇用安定の資格を有する組合員である，(4)事故防止に選出された内部委員会のメンバーである，(5)職場におけるハラスメント，(6)残業をしても，その対価が正しく支払われない，(7)実施された作業のための訓練の不足，(8)類似した仕事への異なる給料の支払い。

2017年の労働法の改正は，このような労務訴訟状況を変更する意図があった。過去とは異なり，もし従業員が労務訴訟で負けた場合，労働訴訟プロセスにかかったすべての費用を自分で負担する必要があることに変更された。これにより，新しい法律は，従業員が虚偽の告発をするのを妨ぎ，その根拠を証明することができる場合のみ訴訟を起こす傾向になってきた。これにより，企業の隠れたコストを削減することができる。

2-3-3　労働組合

労働組合は業種別に組織されており，最小単位の「組合（sindiçãto）」，組合が州単位で5つ以上集まった「連盟（federação）」，連盟が3つ以上集まってできた連邦レベルの「連合（confederação）」という階層構造をなしている。労働組合は労働者階級を組織化し，権利を主張するという重要な役割を担っている。1988年のブラジル連邦憲法，第8条3項によれば，組合が，その集団的および個人的な権利と利益を擁護することを認めている。連邦憲法の第8条2項の別の条項は，「労働者が定義する同一の地域（municipio）で，専門的なカテゴリーを代表する任意の組合組織を，2つ以上作ることを禁じている。また，市町村（municipio）の単位より小さい範囲では組合を作ってはならない」と定めている。これは，市町村の産業別労働組合はひとつだけであることを意味している（注：municipioとは，「連邦政府，州政府，ムニシピオ〔municipio〕という3つの行政機関の中で最も市民社会に近い存在」ブラジル日本商工会議所，2016）。

2017年に承認された労働法改正（法律第13,467号）までは，ブラジルの労働組合の運営資金源は組合員からの組合費である，つまり，参加したすべての労働者にとって組合への組合費の支払いは必須であった。この組合費は年間で，従業員の1日分の仕事の給与と同等であった。しかし2017年の労働法改革は，組合費の拠出を各自の任意の判断にした。組合の実際の活動内容を評価し，継続して寄付する価値があるかどうかを判断することが，各労働者に任された。組合への寄付金は，ダイエーゼ（DIEESE）によると，これらの組合事業体の収入の約30％から50％を占める。この寄付金がなければ，組合と全国労働組合センターは，任意で他の収入源を増やす必要がある。この変更によって影響を受けるブラジルの労働組合は1万1698存在する（DIEESE, 2017）。労働大臣は，この改革により多くの組合は財務状態の維持が困難になり，労働組合の数（G 1, 2017）が30％減少すると予想している。

ブラジルの自動車産業の労働組合を分析すると，乗用車，軽商用車，トラック，バスの45の製造工場の労働者を代表する労働組合が，29存在する。そのうちの4労働組合に，ブラジルにある自動車組立て工場労働者の58.9%が登録している。

また，各組合は全国労働組合センターに加盟することができ，その割合は，CUTに42.2%，Força Sindicalに28.9%，CTBに11.1%，Intersindicalに11.1%，CSP-Contutasに4.4%，そしてUGTに2.2%となっている(Cardoso et al., 2015)。

各地域における全国労働組合センターへの加盟分布からは，それらが一部の地域ではより大きな力をもっていることが分かる。地域別にみた各地域最大の全国労働組合センターとその加盟率は以下のとおり。南東部（CUTが46.9%）；南部（労組連合が49.2%）；北東部（CTBが61.1%）；中央西部(National Forceが100%)；北部地区（CUTが100%）(Cardoso et al., 2015)が含まれる。

2-3-4　結論

この節では，ブラジルの国の経済と歴史の進化を説明すると同時に，ブラジルの自動車産業における雇用の進化について概説した。

ブラジルの労働法と労使関係は，さまざまな視点と多様な側面をもつ極めて複雑なテーマである。本節ではこの複雑なテーマについて，すべてを語りつくすことはできなかった。本節の意図は，法律の主要な変更を含む主な特徴，従業員への利益の変化，社会的負担，歴史的進化を労働法の変更を説明し，読者にアウトラインを示すことにあった。

また，労務費にはさまざまな視点があり，給付と社会的負担の見方に応じて，労働コストの影響には異なる解釈があることを示した。

最後に，ブラジルにおける組合構造と自動車産業との関係について議論した。主に1980年代と1990年代には，従業員の権利を保護するだけでなく新たな給付を獲得し，社会的権利を労働者に拡大する重要な役割を果たしてきた。2017年に起こった法律の変更は，今後の組合の役割を大きく変えるだろう。

参考文献：

ANFAVEA（Associação Nacional dos. Fabricantes de Veículos Automotores）（2015）. Anuário da Indústria Automobilística Brasileira, [online]http://www.anfavea.com.br/anuarios.html (accessed January, 2018).

ANFAVEA（Associação Nacional dos. Fabricantes de Veículos Automotores）（2017）. Anuário da Indústria Automobilística Brasileira, [online]http://www.virapagina.com.br/anfavea 2017/#56/z (accessed January, 2018).

Bedê, M. A. (1997). "A Política Automotiva nos Anos 90, " In: Arbix, G., & Zilbovicius, M. *De JK a FHC: a Reinvenção dos Carros.*, São Paulo, Scritta, pp. 357-387.

Cardoso, A., Augusto Júnior, F., dos Santos, R. B., Viana, R., & Camargo, Z. (2015). *O setor Automotivo no Brasil: Emprego, Relações de Trabalho e Estratégias Sindicais,* Friedrich Ebert Stiftung, Brasil.

DIEESE（Departamento Intersindical de Estatística e Estudos Socioeconômicos）（2017）. A Importância da Organização Sindical dos Trabalhadores. Nota técnica 177, [online] https://www.dieese.org.br/notatecnica/2017/notaTec177ImportanciaSindicatos.html (accessed January, 2018).

G 1 (2017). Com o Fim da Contribuição Obrigatória, Ministro Estima que Mais de 3 Mil Sindicatos Desaparecerão, [online]https://g1.globo.com/economia/noticia/com-fim-da-contribuicao-obrigatoria-ministro-estima-que-mais-de-3-mil-sindicatos-desaparecerao.ghtml (accessed January, 2018).

Guimarães, P. & Hagemann, B. (2016). A Derrocada da Indústria Automobilística Brasileira, In: Gazeta do Povo, 06/October/2016, [online]http://www.gazetadopovo.com.br/opiniao/artigos/a-derrocada-da-industria-automobilistica-brasileira-8k 93 r34l 1 ofxkx2 carernrlcg (accessed January, 2018).

IBGE（Instituto Brasileiro de Geografia e Estatística）（2015）. Série Histórica do PIB, [online] https://agenciadenoticias.ibge.gov.br/media/com_mediaibge/arquivos/7531a 821326941965 f1483c85caca11f.xls (accessed on January, 2017).

Noronha, E. G., De Nigri, F., & Artur, K. (2006). "Custos do Trabalho, Direitos Sociais e Competitividade Industrial," In: De Nigri, J. A., De Nigri, F., & Coelho, D. *Tecnologia, Exportação e Emprego,* IPEA (Instituto de Pesquisa Econômica Aplicada). Brasília.

Pastore, J. (1994). *Flexibilização Dos Contratos de Trabalho e Contratação Coletiva,* São Paulo: LTR.

The Economist (2013). Grounded-Special Report: Brazil, 26 th Sep., 2013, [online]https://www.economist.com/americas-view/2013/09/26/grounded (accessed February, 2017).

ブラジル日本商工会議所編（2016）『現代ブラジル辞典』新評論

2-4　ブラジルのフレックス燃料車
—エタノールとガソリンの自由混合燃料—

Emilio Carlos Baraldi
塚田　修（訳）

2-4-1　導入

1973年10月6日に第四次中東戦争が勃発。これを受け10月16日に，石油輸出国機構（OPEC）加盟産油国のうちペルシア湾岸の6カ国が，原油公示価格を1バレル3.01ドルから5.12ドルへ70%引き上げることを発表した。翌17日にはアラブ石油輸出国機構（OAPEC）が，原油生産の段階的削減（石油戦略）を決定した。さらに12月23日には，OPECに加盟のペルシア湾岸の産油6カ国が，1974年1月より原油価格を5.12ドルから11.65ドルへ引き上げる，と決定した。ブラジル政府は，生産部門の失業やその他の影響に懸念を抱いて，石油購入価格を非常に高価なものにし，この高価なガソリン代の支払い手段として製造品の輸出を刺激し，アルコール生産プロジェクトに多額の投資を行った。その後数年間，ブラジルの借入金は増加し始め，国内総生産（GDP）の伸び率はプラスに維持されていたが低い成長率となった。

2-4-2　エタノール

1970年代，ブラジルは消費する石油の70%を輸入していた。ブラジル政府は，問題の影響を軽減しようと当初，燃料配給措置を実施した。ガソリンは週末には販売されておらず，ブラジルの道路では時速80km以上の走行は禁止されていた。この期間中，燃料値上げの前夜にはガソリンスタンドに長い列が形成された。これらの事実のために，ブラジル政府は，ブラジルのエネルギーの原油への依存を軽減することを含むいくつかの政策を実施した。例えば，アルコール優遇（Proalcool）政策と，リオデジャネイロ州の

図表2-14　ブラジルの1970年代のガソリンスタンドの長い列

出典：*Jornal O Estado de S. Paulo*, フェルナンド・ピメンテル撮影（2018年）

アングラ・ドス・レイスにおける原子力発電所への投資である。

アルコール優遇政策は，1975年11月14日のブラジル政府令第76,593号によって施行された。このプログラムは，自動車に燃料として使用されるガソリンをエタノールに置き換えることを目的としていた。

1977年から1979年の間に，ブラジルでエタノール燃料を生産するために選ばれたサトウキビからのアルコール生産の拡大がなされた。この選択を決定した要因は，耕作地の拡大，国民のサトウキビ文化への親和性，アルコール製造技術の発展であった。

アルコール優遇政策の実現は，2つの異なる段階を経た。最初はガソリンにアルコールを混合して輸入される原油の量を減らすために行われた。プログラムの第2段階では，アルコール燃料で動く自動車の消費量を賄う十分なアルコールを生産する能力を上げることを目指していた。ブラジルで生産されたアルコール燃料を主体とする自動車の最初の大量生産モデルは，1978年にFiatが製造したFIAT 147であった。

石油危機の2回目のショックは，1979年2月のイラン革命によって始まり，1980年9月に始まったイラン−イラク戦争によってさらに悪化した。これらの危機は両国の輸出と石油の価格に大きな影響を与えた。ブラジルでは，燃料価格の大幅な上昇，ガソリン車の販売の大幅な減少，アルコール燃料車の販売の増加につながった。

アルコール燃料車はいくつかの開発課題を抱えていたが，これらの問題の多くは販売数量の増加によって改善された。しかし，さまざまな問題の中でも，消費者が最も不便を感じたのは，低温でエンジンを始動することの難しさと，アルコールと接触する部品の腐食であった。

1982年以来，ブラジル政府はアルコール燃料車の販売を増やすための投資を積極的に行ってきた。長期融資などにより購買力を支援することや，土曜日に給油ができるようにしてきたことだ。

アルコール自動車の品質を改善するための行動も取られている。この燃料を使用する車両は改良され，気化器，いくつかの部品の中の燃料タンクは，その表面がアルコール燃料による腐食に耐えるように亜鉛，スズ，クロムなどの金属でコーティングされた。もうひとつの非常に重要な改造は，アルコール自動車の低温度でのエンジンスタートを容易にするシステムの開発であった。この装置は小型のガソリンタンクを使用している。気温が15℃以下の場合，コールドスターター（低温度でのエンジンスターター）はガソリンをエンジンに注入してアルコールエンジンの始動を容易にした。

原油価格は，価格安定化が起こる1986年までは依然として高い状態にあった。その後原油価格は下落した。エタノールの発熱量が低いために，このアルコールで燃料を給油すると，ガソリンに比べ平均30%出力が悪い。エタノールの価格はガソリンの価格の少なくとも70%でなければならない。しかしながら，当時，国際市場での砂糖価格の上昇があり，多くの生産者は，砂糖販売により大きな収益性を得られるため燃料用エタノールの生産を停止してしまった。

アルコール燃料の生産量が減少したため，ガソリンスタンドで競争力のある価格でのエタノール燃料が見当らなくなった。このことはエタノール燃料車の需要の低下をもたらし，1990年代後半には，自動車メーカーはエタノールを使用した新車の生産を停止した。

2-4-3　フレックス燃料の開発

フレックス（flex）燃料車は，ガソリン，エタノール，またはその両方の自由な組み合わせで車両を走行させる技術に与えられた名称である。フレックス燃料噴射ソリューションの基本にある原理は，セントラルコンピュータによりいくつかのエンジン変数（気流，燃料，温度，スパークなど）を制御する特定のソフトウェアにある。

低エタノール混合ガソリン（E 25）または純エタノール（E 100）の噴射と比較した場合のフレックス燃料噴射の最大の課題は，ガソリン－エタノール比の変化を迅速に検出し，調整することである。最初のフレックス燃料ソリューションでは，燃焼前にこの比を検出する静電容量式センサーを使用したが，これらのセンサーは高価であった。そのためこのセンサー設置の追加費用が，当時の重大な障害となっていた。

これに対しブラジルのフレックス燃料解決策は，排気システムに組み込まれたO^2センサー（λプローブとしても知られている）の使用によって，ガソリン－エタノール比の燃焼後の検出により達成されたことである。この技術は，燃料混合の変化を検出し，「新しい混合比」燃料と「古い混合比」燃

図表 2-15　ブラジルで最初に販売されたフレックス燃料車

出典：Volkswagen（2018）

料間のスムーズな移行を保証し，エンジン調整時間を改善した。

フレックス燃料技術のいくつかの特許は，ブラジル国立工業所有権機関（INPI）に寄託されている。Boschによって2009年に開始されたコールドスタートのための予熱エタノールなどの進歩により，技術は絶え間なく改善され続けている。ブラジルで販売された最初のフレックス燃料車は，2003年にVolkswagen Gol 1.6 lトータルフレックスであった（図表2–15）。

2–4–4　フレックス燃料のための燃焼後検知技術の特徴

O²センサーを用いてガソリン－エタノール比の燃焼後検出を用いたフレックス燃料ソリューションは，燃料噴射システムのトータルコストを削減し，フレックス燃料車の開発と商品化を可能にした。しかし，燃焼後のセンサーによるデータを使用するこのソフトウェアソリューションは，自動車メーカーが決めた特定の手順を踏まずに使用すると車両の燃料補給時に問題を引き起こす可能性がある。フレックス燃料エンジンの較正は，ガソリン－エタノール比の燃焼後検出によって行われ，燃料混合比が変化したり，燃料補給直後に車両がオフにされると（10分未満の時間または5 km以上走行しなかったとする），ソフトウェアはエンジン条件の較正を更新することができない。

この問題を把握している自動車メーカーは，苦情や法的問題を避けるために，車のオーナーズマニュアルに上記の問題を知らせる次のようなメモを入れた。

「フレックス車両がガス欠のために停止し，あらたに給油する場合，ガス欠前と同じ混合の燃料を使用してください。もしガス欠前と異なる混合比率の燃料を使用する場合は以下の現象が発生する可能性があります。

・エンジンが低温のときには始動時の困難がある。

・エンジン効率の大幅な低下。

上記の現象が起こらないようにするためには，車は新しい燃料を認識するために約5 km走行しなければなりません。」

2-4-5　フレックスエンジンの特殊性

エタノール燃料は，より高い比エネルギー，火炎速度および生成物対反応物のモル比もまた重要であるが，主としてその高いノック耐性のために，ガソリンの場合よりもエンジン性能を改善する可能性を有するといえる。

エタノールのオクタン価の増加は，水和エタノールの使用やフレックス燃料の混合のように，自動車製造業者に，より高い圧縮比，最適化された燃焼室形状，再設計されたピストンおよびシリンダヘッドを含むエンジンを設計することを必要にした。カム・シャフト・プロファイルおよび位相を制御し，より高い熱効率を促進する。イグニッション・アドバンス・コントロールは，エタノールのために再較正され，最適化され，また，より低温スパークプラグとより高い容量のバッテリーを要する。エンジンのメンテナンス要件はガソリンのものと同等である。エタノールの発熱量が低いため，より大きな流量の燃料噴射システムが必要とされ，より大きなノズルを有する燃料噴射器とより高い流量の燃料ポンプが必要とされる。これがエタノールで燃料補給されたときに車両用のコールドスタートシステムを開発することを必要とした理由である。

アルコール燃料は，燃料に含まれる酸，ゴム，水分が金属，プラスチック，ゴムシールに損傷をもたらすため，特に燃料供給部品の接触する可能性がある部品には耐腐食性材料を使用することが必要である。例えば，電子燃料噴射器（燃料ポンプ，圧力調整器，燃料タンク，フィルターおよび保護内面を備えたライン），吸排気バルブとバルブシート用の表面材料，ホース，シールおよびコネクタには耐腐食性材料が必要となる。インテークマニホールドと排気パイプは内面の保護と新しい形状を必要とする。

エンジンオイルは，再調合や新しい添加剤パッケージを必要とする。エタノールおよびその燃焼生成物の浸食性があるため特別な潤滑剤により，長期間の安定性を維持する。また，排気マニホールドに近い特定の触媒コンバータとウォッシュ・コーティングが必要であっただけでなく，より高いパージフロー用の再較正されたカーボン・フィルターバルブも必要となった。

2-4-6　フレックス燃料エンジンの技術

ブラジルのフレックス燃料エンジンは，ガソリン，エタノール，またはそれらのブレンドとどの条件でも問題なく運転できるように設計されている。これが機能するためには，燃料認識システムが必要である。電子制御ユニットまたはエンジンコントロールユニット（ECU）は電子センサーを介して，燃料混合比を認識し，エンジン・パラメーターを自動的に調整する。

排気管（λプローブ）のO^2センサーからの信号を処理するECUは，噴射器が化学的な燃料／空気混合物を保証するために開いたままである期間を制御する。エンジン速度とインテークマニホールドの温度と圧力センサーに基づいて，ECUはインジェクターが開いたままの時間に応じて吸入空気流量

図表 2-16　フレックス燃料システム

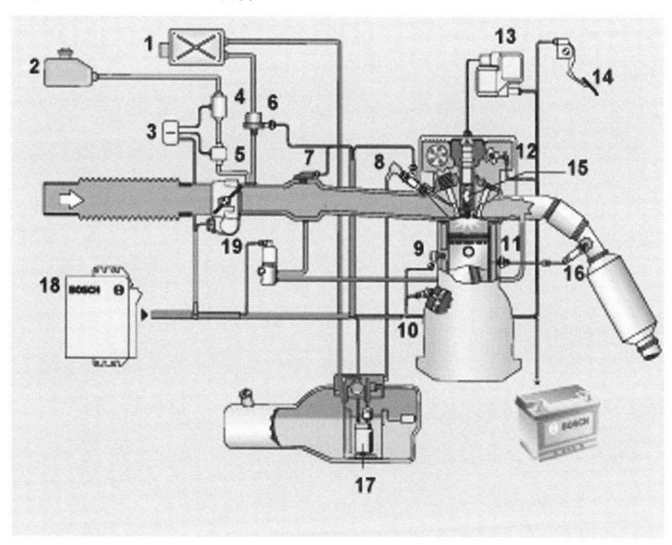

注：1. 活性炭フィルター　2. コールドスタート用燃料タンク　3. リレー　4. 電動燃料ポンプ　5. 電磁弁　6. 電気活性炭フィルターバルブ　7. 温度および空気圧センサー　8. 燃料ギャラリー／インジェクションバルブ　9. ノックセンサー　10. 回転センサー　11. 温度センサー　12. カムシャフト位置センサー　13. 変圧器　14. 電子スロットルペダル　15. スパークプラグ　16. 酸素センサー　17. 燃料ポンプ　18. 電子制御ユニット—ECU　19. スロットルバルブボディ

出典：Bosch（2018）

と燃料流量を計算する。

計算された空燃比とオンボードコンピュータのメモリーに保存されたエタノールおよびガソリンの理論値とを比較すると，ECU は燃料組成を推定する。次いで，スパーク時間，一過性の噴射およびコールドスタートガソリン噴射（またはコールドスタート用の予熱エタノール）のようなすべての関連するエンジン・パラメーターが制御される。図表 2-16 は，フレックス燃料モーターの主要センサーとアクチュエーターを示している。

2-4-7　まとめ

ブラジルでのフレックス燃料自動車の普及は驚くべきレベルにあり，このことは高い年間販売台数成長率によって証明されている。2003 年には小型乗用車と小型商用車の生産で 4 万 9264 台であったブラジルのフレックス燃料車の生産は，2016 年にはブラジルで生産されたすべての車両（車両は，軽量コマーシャル，トラック，バス）の 84.57% を占める 176 万 5153 台にまで飛躍した。

ブラジルにおけるフレックス燃料技術の成功は，再生可能エネルギー源による化石燃料の代替の一例であると考えられ，同時に環境への有害ガスの排出を削減するという利点を提供するものである。ブラジルでのフレックス燃料技術の成功の一部は，フレックス燃料車とエタノール燃料車のためのブラジル政府の財政的支援の利点によるところもあるが，砂糖からアルコールを生産する効率性とブラジル農業の競争優位を示す点で，米国のトウモロコシで生産されたエタノールなどの他の供給源と比較して優位性を示すものである。

ブラジルのフレックス燃料技術は，ブラジルの消費者に認識されていた障壁を解決した。それらの障害とは，ブラジルの消費者は，国際的な砂糖価格政策のために自動車を買う際に一種類（エタノール）の燃料を選ぶことを強制されたことや，サトウキビ収穫と次の収穫期との期間の材料不足で価格が高騰すること，サトウキビを生産しない地域でエタノールを供給することの問題などである。

最終的には，フレックス燃料技術は，消費者に任意の燃料の組み合わせ比率を選ぶことを可能にした（つまり，ガソリンとエタノールの混合比率）。ブラジルの人々は車を買い，後でそのときのガソリンとエタノールの価格状況でどちらの燃料（ガソリンとエタノール）をどの位の混合比率にするかを決めることができる自由度を獲得した。

参考文献：

Bosch (2018). [online]http://br.bosch-automotive.com (accessed 24 April, 2018).
Jornal O Estado de S. Paulo (2018). [online]http://acervo.estadao.com.br (accessed 20 April, 2018).
Volkswagen (2018). [online]http://vwbr.com.br (accessed 07 April, 2018).

2-5　ブラジルの自動車産業関連教育機関

Erik Pascoal
塚田　修（訳）

2-5-1　はじめに

ブラジルの自動車産業は，同国の技術革新教育において中心的な役割を果たしている。これは，この産業の規模，それによって生み出されるサプライチェーンの重要な影響，および新製品や新技術の導入が企業の成功に不可欠であるというこの産業のもつダイナミズムに起因している（Castro, Barros, & Vaz, 2014 a, 2014 b）。エンジニアリング能力は，国内自動車産業を構築し，世界的に競争するうえで重要な要素である。よく訓練された労働力と，産業界に起こる複雑なプロジェクトを解決する実務的な経験がなければ，国産の開発能力は存在しえない（Castro et al., 2014 a, 2014 b）。

本節では，自動車産業の発展にとって重要なさまざまなブラジルの教育機関や訓練コースの概要と，それに付随するイベント，およびプログラムについても紹介する。

2-5-2 ブラジルの自動車工学の歴史

1956年から1961年までの期間は，同国の自動車部門への投資が始まった時期である。当時のジュセリノ・クビチェック大統領の計画では，自動車は国にとって基本的産業と考えられていた（Santos & Burity, 2002)。大統領の創設したGEIA（自動車産業エグゼクティブ委員会）の主な役割は，自動車産業プロジェクトを認可しその進化を監視することにあった。そして，その設置基準，生産目標，国有化計画を定義することであった（Santos & Burity, 2002)。このイニシアチブにより，自動車業界はブラジル市場での地位を獲得し，現在も引き続き国民経済において最もダイナミックで影響力の高い産業分野のひとつとなっている（Barros & Pedro, 2012)。

しかし，1950年代から自動車部門に与えられた大規模な優遇政策にもかかわらず，1990年代末まで自動車エンジニアリングの特別な教育・訓練を提供する大学の学部コースは存在しなかった。

教育分野では，自動車エンジニアリング・コースは機械工学コースの一部として創設された。このため，コースでは，自動車製品のライフサイクルをカバーする機械工学の基礎を重視した専門的なトレーニングを提供している。ブラジル教育文化省（MEC）のデータによると，ブラジルの教育機関の中には，ブラジル全土において，自動車部門のための特別な教育・訓練を提供しているさまざまな教育機関がある。

2-5-3 ブラジルの自動車技術教育

本項では，ブラジルの自動車セクターのための具体的な教育・訓練の主なコースの概要を3つの分野に分けて紹介する。

1. 資格認定と職業能力向上コース：若者や成人の実務技能を資格認定するコース，または企業ですでに働いている専門家のスキルアップや能力アップを可能にするコース。
2. 大学 学士コース（称号としてエンジニアまたは学士）：高等学校卒または同等の資格を授与されたものに開かれているコース。

図表 2–17　ブラジルの自動車教育：資格認定と職業能力向上コース

教育機関	コース名	資格	所在地	州	公立／私立	説明
SENAI（全国産業職業訓練機関）	メカニカル（サスペンション，ブレーキ，ステアリング，トランスミッション），電気／電子，エンジン（ガソリン，アルコール，ディーゼル，インジェクション），エアコン，塗装.	プロフェッショナル	さまざまな町	全州	私立	コース完了期間は，組織機関によって事例ごとに異なる。

出典：SENAI（2018 b）

図表 2–18　ブラジルの自動車教育：大学　学士コース

教育機関	コース名	資格	所在地	所在州	公立／私立	説明
IFMG（ミナス・ジェライス連邦大学）	自動車メンテナンス	テクノロジスト	Bambuí	MG	公立	コースは 2007 年スタート。 コース期間は 3 年。2017 年の卒業生数は 31 人。
SENAI（全国産業職業訓練機関）	自動車システム	テクノロジスト	São Paulo	SP	私立	コース期間は 5 年間。
UmB（ブラジリア大学）	自動車エンジニアリング	学士	Institution Brasilia	DF	公立	2008 年コースの運営開始。コースの完了期間は 5 年間。2017 年の卒業生数は 10 人。
UFSC（サンタカタリーナ連邦大学）	自動車エンジニアリング	学士	Joinville	SC	公立	コース期間は 5 年間。
UCS（カシアス・ド・スール大学）	自動車エンジニアリング	学士	Caxias do Sul	RS	私立	コースの開始は 2013 年。コースの完了期間は 5 年間。
UNIRB（バイーア地域大学）	自動車エンジニアリング	学士	Salvador	BA	私立	コースは 5 年で終了。
SEBAI（シマンテック大学センター）	自動車エンジニアリング	学士	Salvador	BA	私立	コースは 5 年終了。
ETEP（サンジョゼドカンポ工科大学）	自動車エンジニアリング	学士	São José dos Campos	SP	私立	コースは 5 年終了。
ULBRA（ルーテラン大学）	機械工学自動車	学士	Canoas	RS	私立	1999 年コース創設。コースの運営開始は 5 年間。2017 年の卒業生数は 15 人。
FEI 大学	機械工学自動車工学	学士	São Bernardo do Campo	SP	私立	コース終了期間は昼間は 5 年，夜間は 6 年。

出典：IFMG（2018）；SENAI（2018 b, 2018 c）；UnB（2016）；UFSC（2015）；UCS（2018）；UNIRB（2018）；ETEP（2013）；ULBRA（2018）；CENTRO UNIVERSITÁRIO FEI（2018）

図表 2-19　ブラジルの自動車教育：大学院コース

教育機関	コース名	学位	所在地	州	公立／私立	説明
Mauá 工科大学	自動車およびエンジニアリング	スペシャリスト	São Caetano do Sul	SP	私立	2006 年のコースの運営開始。コースの完了期間は 24 カ月。2017 年の卒業生数は 13 人。
SENAI（シマンティック大学センター）	自動車およびエンジニアリング	スペシャリスト	Salvador	BA	私立	2009 年のコースの運営開始。コースの修了期間は 18 カ月。
PUC（カトリック大学）	自動車およびエンジニアリング	スペシャリスト	Belo Horizonte	MG	私立	2013 年にコースの運営開始。コースの完了期間は 14 カ月。2017 年の卒業生数は 13 人。
FEI 大学	自動車およびエンジニアリング	スペシャリスト	São Bernardo do Campo	SP	私立	コースは 18 カ月で終了。
FACENS（ソロカバ工学大学）	自動車およびエンジニアリングとモビリティ	スペシャリスト	Sorocaba	SP	私立	2018 年開校。コースは 18 カ月。
ニュートン大学	自動車およびエンジニアリング	スペシャリスト	Belo Horizonte	MG	私立	2007 年開校。コースは 18 カ月終了。
UFPE（ペルナンブコ連邦大学）	自動車およびエンジニアリング	スペシャリスト	Recife	PE	公立	2017 年開校，495 時間授業。
USP (University of Sao Paulo [1])	自動車およびエンジニアリング	スペシャリスト	São Paulo	SP	公立	2010 年開校。30 カ月授業。卒業生は 13 名（2017 年）。
USP（サンパウロ大学）	自動車およびエンジニアリング	ポストドクター	São Paulo	SP	公立	2012 年開校。コースは最短で 3 カ月，最長で 3 年。

出典：Instituto Mauá de Technologia (2018)；SENAI (2018 d)；USP (2017)；PUC (2018)；CENTRO UNIVERSITÁRIO FEI (2018)

3. 大学院コース（全般）：学部卒またはエンジニア教育を卒業し，当該教育機関の要件を満たす候補者に開放されているコース。

図表 2-17 から 2-19 は，ブラジルにおける自動車セクターの上記 3 つに分けられた内容を示している。

2-5-4　ブラジル自動車技術に関する協会やイベント

この項の目的は，ブラジルの自動車技術を奨励し支援するさまざまな団体，イベント（議会，フォーラム），政府プログラムを紹介することにある。

1）AEA

ブラジル自動車エンジニアリング協会（AEA）は，自動車産業，政府機関，教育研究機関，国際機関などに直接的な関係をもつ。この広範囲な関係により，国の自動車エンジニアリングおよび技術に関する戦略的問題において中立的な議論の場を作ることを目指して，1984年に設立された団体である（AEA, 2018）。

目的としては，以下の2つが挙げられる。

・公的政策の提案，標準，法令を技術的に支援するために，公平で独立した立場で自動車工学に関わる問題の議論を調整すること。

・自動車工学の専門家に技術イベント，コース，出版物の提供を通じて貢献すること。

過去30年間にわたり，AEAは技術委員会，ワークショップ，教育コースおよびイベントを通じてこれらの目標を達成するために取り組んできた（AEA, 2018）。その内容としては，エレクトロニクス，車両安全，燃料工学，エネルギーマトリックス，輸送，国際協定など，自動車エンジニアリングに関する200以上にわたり，教育コースの分野では，すでに9000人以上の専門家の訓練を行った（AEA, 2018）。

将来の展望として，AEAは，国の自動車技術（AEA, 2018）の発展のための解決策の提案合意について，主導的な組織となることを目指している。

2）SIMEA

自動車エンジニアリングに関する国際シンポジウム（SIMEA）は，30数年前にAEAによって開催された年次イベントであり，その主な目的は，自動車エンジニアリングのための戦略，ソリューション，技術革新である。イベントは2日間で，講演，議論，ディスカッション，テクニカルワークショップ，展覧会などが行われる。SIMEAの対象者は，自動車エンジニアリング（SIMEA, 2017）に関連するエンジニアや業界の専門家，政府代表者，大学，ビジネスリーダー，オピニオンリーダーである。自動車エンジニアリングに関連する技術論文が受け入れられる。

3）SAE ブラジル

SAE ブラジルは 1991 年に設立された。その活動は，ブラジルおよび国際的なモビリティの革新と動向に焦点を当てている（SAE BRASIL, 2018 a)。自動車および航空宇宙産業の知識と技術の重要な情報源となっている。現在, SAE ブラジルは全国的な運営を行っており, 6000 人のメンバーを有し, 10 の地域委員会を通じて 7 つの州に展開している（SAE BRASIL, 2018 a)。SAE ブラジルの自動車部門は，以下の 6 つの技術委員会で構成されている。

車両ダイナミクス委員会，オットー・サイクル・エンジン委員会，車両安全委員会，トランスミッション委員会，電気・ハイブリッド車両委員会，ディーゼル技術委員会。

4）ANFAVEA

1956 年に設立されたブラジル自動車工業会（ANFAVEA）は，ブラジルで生産している車両製造会社（乗用車，軽自動車，トラック，バス），自走式農業機械および道路機械（車輪付きトラッカー，ハーベスター，バックホー）を代表している。その主な使命は，産業の製造・登録データの統計収集と公開，自動車と農業機械と道路機械の市場調査，関連企業の共同利益の調整と防衛，産業に関連するイベントや展示への参加，スポンサー，または支援である（ANFAVEA, 2018)。

5）FENABRAVE

1965 年に設立されたブラジル自動車販売協会（FENABRAVE）は，ブラジルにおける車両流通部門の代表的協会である。企業は，51 の自動車ブランド協会，軽商用車，トラック，バス，道具，トラクター，農業機械およびオートバイからなる（FENABRAVE, 2018)。使命は，ブラジル自動車工業会と提携して政治的，経済的，法的利益を代表する業界の権益を守ることにある。自動車販売の専門家とマネジャーのトレーニングと人材開発に貢献する。国際的な同種団体との交流を通じて，最良のビジネスとプロセスの実践を開発し，議論する（FENABRAVE, 2018）。

6）Sindipeças と Abipeças

自動車部品産業協会(Sindipeças)とブラジル自動車部品協会(Abipeças)は，自動車部品産業の中小企業を結ぶセクターの開発と強化に取り組んでいる。国内外の資本をもつ約460社の会員が，ブラジルのすべての自動車メーカーとアフターマーケットに供給し，約180カ国に輸出している（Sindipeças, 2018)。両協会は，活動の4つの柱，つまり，産業の成長への刺激，情報，教育訓練，広報と権益の防衛（Sindipeças, 2018）を実施することで，構成会員の支援をしている。

7）SENAI

全国産業職業訓練機関(SENAI)は，世界で5番目に大きな専門職業教育訓練機関のひとつであり，ラテンアメリカでは最大規模である。そのコースは，専門分野の教育から始まり学部および大学院までの（ブラジルの自動車産業を含む）28の分野の専門家を養成している（SENAI, 2018 a)。SENAIはこれを設置した公的機関としての性格とサービスを提供する公的機関としての性格をもつが，法的には民間機関である（SENAI, 2018 a)。

SENAIの主な目的は次のとおり。

・SENAIの施設内に設置されている学校，企業内に設置された学校で産業教育訓練を実施する。
・雇用主たる企業のためにさまざまなレベルの資格取得で会員のための訓練プログラムの設計と実施をする。
・雇用主企業の要望に合わせて技術研究・開発プロジェクトを行う。

2–5–5　まとめと考察

より良い理解のために，最終的な考察を2つに分けた。最初の部分では，自動車のトレーニングコースを，より学術的な観点から分析した。次に，ブラジルにおける自動車産業を支援し発展させる際の協会の役割を分析した。

この調査の結果から，ブラジルにおける自動車産業の創設と自動車分野に特化した最初の教育訓練コースの開始との間に約40年のタイムラグがあることが分かった。このタイムラグの期間は自動車産業自体が労働力の教育訓練に従事していたことになる。

他の側面は，自動車教育訓練機関の地理的位置とブラジルの自動車工場との間の相互関係である。比較的バランスがとれている。

参考文献：

AEA (Associação Brasileira de Engenharia Automotiva) (2018). Institucional. São Paulo, SP (2018), [online]http://aea.org.br/home/ (accessed 12 March, 2018).

ANFAVEA (Associação Nacional dos. Fabricantes de Veículos Automotores) (2018). [online]http://www.anfavea.com.br/a-anfavea.html (accessed 02 March, 2018).

Barros D. C. & Pedro, L. S. (2012). "O Papel do BNDES no Desenvolvimento do Setor Automotivo Brasileiro," In *BNDES 60 anos: perspectivas setoriais*. Rio de Janeiro: Banco Nacional de Desenvolvimento Econômico e Social, 2012. pp. 98-136. ISBN: 9788587545442 (v. 1)

Castro, B. H. R., Barros, D. C., & Vaz, L. F. H. (2014 a). "Panorama da Engenharia Automotiva no Brasil: Inovação e o Apoio do BNDES," In *BNDES Setorial*, Rio de Janeiro, BNDES, n. 39, pp. 155-196, jun.

Castro, B. H. R., Barros, D. C., & Vaz, L. F. H. (2014 b). "Além da Engenharia: Panorama do Capital Nacional na Indústria Automotiva Brasileira e Insights para uma Poltica Pública rumo ao Desenvolvimento de Tecnologia Automotiva no Brasil," In *BNDES Setorial*, Rio de Janeiro, BNDES, n. 40, pp. 385-426, set.

Centro Universitário FEI (2018). Mecânica Automobilística, São Bernardo do Campo, SP, 2018, [online]http://portal.fei.edu.br/pt-BR/ensino/pos_graduacao/especializacao/mecanica_automobilistica/Paginas/mecanica_automobilistica.aspx (accessed 12 March, 2018).

Centro Universitário Newton de Paiva (2018). Cursos/Pós-Graduação/Especialização em Engenharia Automotiva, Belo Horizonte, MG, 2018, [online]https://www.newtonpaiva.br/pos-graduacao/especializacao-em-engenharia-automotiva (accessed 08 March, 2018).

ETEP (Escola Técnica Proffessor Everardo Passos) Faculdade de Tecnologia de São José dos Campos (2013). Projeto Pedagógico do Curso de Graduação em Engenharia Automotiva-Bacharelado, São José dos Campos, SP, 2013. 89 p., [online]http://www.etep.edu.br/doc/projeto-pedagogico/Engenharia-Automotiva.pdf (accessed 07 March, 2018).

FACENS (Faculdade de Engenharia de Sorocaba) (2018). Cursos/Pós-Graduação/Engenharia Automotiva e Mobilidade. Sorocaba, SP, 2018, [online]http://www.facens.br/cursos/pos-graduacao/engenharia-automotiva-e-mobilidade (accessed 08 March, 2018).

FENABRAVE (Federação Nacional da Distribuição de Veículos Automotores) (2018). Institucional. São Paulo, SP, 2018, [online]http://www3. fenabrave.org.br/8082/plus/modulos/conteudo/index.php?tac=introducao&layout=institucional (accessed 13 March, 2018).

IFMG (Instituto Federal de Minas Gerais) (2018). Projeto Pedagógico do Curso Técnico em Manutenção Automotiva subsequente ao Ensino Médio. Bambuí, MG, 2018, [online] http://bambui.ifmg.edu.br/portal/tecnico-em-manutencao-automotiva-integrado (accessed 13 March, 2018).

Instituto Mauá de Tecnologia (2018). Pós-Graduação/Especialização-MBA/Engenharia Automotiva. São Caetano do Sul, SP, 2018, [online]http://maua.br/pos-graduacao/especializacao-mba/engenharia-automotiva (accessed 12 March, 2018).

PUC MINAS (Pontifícia Universidade Católica de Minas Gerais) (2018). Engenharia Automotiva. Belo Horizonte, MG, 2018, [online]https://www.pucminas.br/Pos-Graduacao/IEC/Cursos/Paginas/Engenharia-Automotiva-Cora%C3%A7%C3%A3o%20Eucar%C3%ADstico_5.aspx?moda=5&polo=6&area=72&curso=168&situ=1 (accessed 07 March, 2018).

SAE (Society of Automotive Engineers) BRASIL (2018 a). A Instituição. São Paulo, SP, 2018 a, [online]http://portal.saebrasil.org.br/a-instituicao (accessed 11 March, 2018).

SAE (Society of Automotive Engineers) BRASIL (2018 b). Eventos. São Paulo, SP, 2018 b, [online]http://portal.saebrasil.org.br/eventos/congresso (accessed 11 March, 2018).

Santos, A. M. M. M., & Burity, P. (2002). "O complexo automotive," In SÃO PAULO, E. M.; KALACHE FILHO, J. (Org). *Banco Nacional de Desenvolvimento Econômico e Social 50 anos: histórias setoriais*, Rio de Janeiro, Dba, 2002. p. 387, ISBN 8572342664.

SENAI (Serviço Nacional de Aprendizagem Industrial) (2018 a). O que é o Senai. São Paulo, SP, 2018 a, [online]http://www.portaldaindustria.com.br/senai/institucional/o-que-e-o-senai/ (accessed 14 March, 2018).

SENAI (Serviço Nacional de Aprendizagem Industrial) (2018 b). Educação Profissional/Cursos presenciais. São Paulo, SP, 2018 b, [online]http://www.portaldaindustria.com.br/senai/canais/educacao-profissional/cursos-presenciais/ (accessed 14 March, 2018).

SENAI (Serviço Nacional de Aprendizagem Industrial)/CIMATEC (2018 c). Centro Universitário/Graduação/Engenharia Automotiva. Salvador, BA, [online]http://www.senaicimatec.com.br/cursos/engenharia-automotiva/#/ (accessed 14 March, 2018).

SENAI (Serviço Nacional de Aprendizagem Industrial)/CIMATEC (2018 d). Centro Universitário/Pós-Graduação/Engenharia Automotiva. Salvador, BA, 2018 d, [online]http://www.senaicimatec.com.br/cursos_pos/especializacao-em-engenharia-automotiva/#/ (accessed 14 March, 2018).

SIMEA（Simpósio Internacional de Engenharia Automotiva）(2017). O Evento. São Paulo, SP, 2017, [online] http://simea.org.br/2017/ (accessed 15 March, 2018).

Sindipeças（Sindicato Nacional da Indústria de Componentes para Veículos Automotores）(2018). Institucional. São Paulo, SP, 2018, [online] http://www.sindipecas.org.br/area-atuacao/?a=institucional (accessed 13 March, 2018).

UCS（Universidade de Caxias do Sul）(2018). Graduação/Engenharia Automotiva. Caxias do Sul, RS, 2018, [online] https://www.ucs.br/site/portalcurso/220/ (accessed 08 March, 2018).

UFSC（Universidade Federal de Santa Catarina）(2015). Projeto Pedagógico do Curso: Bacharelado em Engenharia Automotiva. Florianópolis, SC, 2015. 75 p., [online] http://automotiva.ufsc.br/files/2015/12/PPC-Engenharia-Automotiva-2016.1.pdf (accessed 02 March, 2018).

UnB（Universidade de Brasília）(2016). Projeto Pedagógico do Curso de Bacharelado em Engenharia Automotiva. Núcleo Docente Estruturante do Curso de Engenharia Automotiva. Brasília, DF, 2016. 341 p., [online] https://fga.unb.br/articles/0002/0145/PPC_Automotiva.pdf (accessed 02 March, 2018).

UNIRB（Faculdade Regional da Bahia）(2018). Salvador/Cursos/Bacharelado/Engenharia Automotiva, Salvador, BA, 2018, [online] http://www.unirb.edu.br/salvador/farb/ (accessed 08 March, 2018).

ULBRA（Universidade Luterana do Brasil）(2018). Graduação/Engenharia Mecânica Automotiva. Canoas, RS, 2018, [online] http://www.ulbra.br/canoas/graduacao/presencial/engenharia-mecanica-automotiva/bacharelado (accessed 08 March, 2018).

2-6 ブラジルの生産性向上活動
—Brasil Mais Produtivo—

Ugo Ibusuki
塚田 修（訳）

2-6-1 はじめに

小企業・零細企業支援サービス機関（SEBRAE）によれば，ブラジルには644万の事業所があり，事業所数で99%が小・零細企業（MSE）であり，民間部門の正式雇用の52%（1610万人）がこれらの小・零細企業（注：日本の表現では中小企業となるが本節では小・零細企業とする）により行われている。これらの企業による生産額は，2001年の1440億レアルから2011年には5兆9900億レアルに増加した。また，GDPの27%を占めており，近年増加している（SEBRAE, 2014）。

生産性の向上は，過去数十年間の経済成長全体に重要な役割を果たしており，この小・零細企業政策に関する議論の中心的テーマとなっている。生産性向上のために行われる投資増加に対する刺激策は，経済全体に好影響を与える（Filho, Campos, & Komatsu, 2014）。したがって，このさまざまな生産性向上に対する投資を促す政策は，企業と国家経済の双方にとって利益をもたらす可能性がある。

2-6-2 「より生産性の高いブラジルへ」プログラム

2016年4月に発足したブラジルの生産性向上プログラムである「より生産性の高いブラジルへ（Brazil More Productive：B+P）」プログラムは，小・零細企業を対象としたCNIと連邦政府共同の取り組みである。このプログラムは，開発商工省（MDIC），SENAI，ブラジル産業機関（ABDI），ブラジルの輸出入促進機関である国家輸出振興庁（APEX-Brasil）の協賛で行われている。そしてブラジルのSEBRAEとBNDESのサポートを受けている大掛かりなプロジェクトである。

参加企業は11～200人の従業員規模をもち，それぞれの地方で生産的な役割をしている小・零細企業である。B+Pプログラムによれば，高い雇用可能性，輸出可能性，地域社会との関連性，既存の公共政策を最適化する能力も基準に加味して対象企業を選択評価したということである。

このプログラムは，2017年末までに3000社に生産性向上経営技術を提供することを目的としている。迅速で低コストでインパクトの高い改善を通じて，生産性を少なくとも20%向上させることを目標としている。これらの成果を達成するための第1段階で計画された投資額は5000万レアル（2018年の換算比率で約1億5000万円）であった。これらはSENAIから2500万レアル，MDICから2500万レアルの出資で賄われた。

B+Pの投資額は1社当たり1万5000レアル（日本円で約50万円）であ

り，参加企業は活動参加への保証として自ら3000レアル（約10万円）の投資を行い，1社につき合計1万8000レアルの投資額を計上している。

参加企業のB+Pプログラムで使用されている方法論は，生産性の向上という目標を達成するため，工場フロア内の最も一般的な7つのムダを削減することを目的とした「リーン生産方式」である。つまり，作りすぎ，手待ち時間，運搬，加工，在庫，動作，不良発生のムダの排除である。機械加工による木材製造産業協会によると，「この方法論は，生産性の向上に加えて，コストの削減と品質の向上と作業環境のカイゼン」で工場と社員に寄与するとしている。

参加プログラム実施中，リーン生産方式の導入に続いて，SENAIの専門家が延べ120時間にわたるコンサルティングを実施する。

1）プログラムのステージ

B+Pへの企業の参加は，プログラムの公式ウェブサイトに示されているように，サイトに登録した後，以下の4つの主要段階を経て実施される。

- 開始段階：申し込みした企業は，3週間以内にプログラムのコンサルタントから訪問を受ける。企業における初期診断ヒアリングは，SENAI Institutes of TechnologyとSENAIユニットのコンサルタントを通じて実施される。
- 準備段階：最初の訪問時に，初期診断として会社の製造プロセスが調査され，その結果，コンサル計画，実行スケジュールが提示される。それに合意した場合，対象企業とSENAI間の契約署名がなされる。
- 生産プロセスとモニタリングのカイゼン段階：製造プロセスのカイゼン計画とカイゼン実践がいくつかの診断指標を見ながら実行されるため，参加企業はリーン生産方式の学習実践がシステマチックに行われることになる。
- コンサルティングの終了と検証段階：コンサルティングの完了時に生産性状況が測定され，達成された結果の最終確認が行われて，コンサルタントの終了報告書に付随するレポートにカイゼン結果がドキュメント化される。そしてカイゼン結果を外部に開示することの承認，および結果の持続可能性をフォローするために3カ月後にモニタリング訪問を実施することへの合意の署名をする。

2）プログラムの結果

達成した結果を測定するために4つの指標が設定された。

・生産性：ある期間に生産されたアウトプットの増加
・移動時間：コンサル実施前と後の移動時間の違い
・品質：コンサル実施前と後の品質の違い
・財務的な結果：投資回収計算，つまりコンサル実施への投資額と得られた利益

プログラムを実施したデータによると，2017年10月4日までの結果としては，2017年末までに3000社にサービスを提供するという最初の目標のうち2956（98.53%）社に実施された。そのうちの1653社（55.1%）がカイゼン活動を完了し，1303社（43.43%）がまだ執行中であった。

図表2-20の食料品および飲料，金属加工業，家具製造業，衣料および履物製造など以外（つまり，その他の分野）で，リーン生産方式の方法論を遵守する能力が高いと考えられる企業はわずか16社しか含まれていないのは興味深い。

図表2-21には，B+Pのリーン生産方式コンサルティングを受けた企業の結果がまとめられている。ここに示されているように生産性向上した企業は51.82%に達し，当初の目標の20%を大きく超えることができたことが

図表2-20　B+Pプロジェクト参加企業の業種別の内訳

分野	企業数
食料品および飲料	489
金属加工業	370
家具製造業	239
衣料および履物製造	539
その他	16

出典：MDIC（2017）

図表 2-21　B+P コンサルテーションの結果まとめ

プログラム項目	記述	結果
生産性向上	リーン生産方式の技術を適用することでムダの排除やプロセスの生産性の向上が見られた	51.82%
移動の減少	プロセスの再編成，レイアウト変え，付加価値を生む活動への特化で不必要な移動が減少した	59.54%
リワークの減少	製造過程での加工不良減少による材料廃棄の減少	59.69%
投資回収	リーン生産方式実施のための投資と実施による年間利益（1万8000レアル）の比率	11.43回
プログラム投資回収期間	リーン生産方式実施のためのコンサルティングの費用（1万8000レアル）が，活動で得られた利益でどの位の期間で回収できたか	4.69月
会社投資回収期間	このプログラムに参加した企業が自前で支出した3000レアルがこのプログラム実施で得られた利益により何日で回収できたか	21.56日

出典：MDIC（2017）

分かる。当プログラムは2017年末に成功裏に終了した。しかし，プログラム終了後の継続性については未だ不明である。

2018年CNIによる新たなプログラムである「より高度化した産業（Industry More Advanced：I+A）」プログラムがスタートした。これは前プログラムと同様にブラジルの小・零細企業の生産性向上を狙うものである。

2-6-3 「より高度化した産業へ」プログラム

世の中は，エレクトロニクス技術やコンピューティング技術の進化，インターネットへのコネクティビティがありとあらゆるものに拡大し，日進月歩の進化を遂げている。工場においても，これらの技術的変化は，ドイツの造語であるIndustry 4.0，つまり第4次産業革命へとつながっていく。

新世代のセンサー，アクチュエーター，監視および制御システムは，生産プロセスに関するデータの収集，保管，処理が可能で，機器と機械間の接続を可能にする。設備は生産に関する情報を交換し，自律的に意思決定を行い，バランスをとるための行動をし，人間の監督と意思決定の有効性を促進することができるようになった。

この新技術を適用することで産業界と社会にもたらされる利益は，生産性と安全性の向上である。エラーやムダを削減し，省エネを実現し，環境保全に役立ち，製品のカスタマイゼーションを可能にする。予防保守をより効果的に実行できるだけでなく，是正保全の課題をより迅速に特定できるため，コストが削減される。

これに関連して，SENAI イノベーション機関ネットワークは，ブラジルの小・零細企業により高度化した生産方式や Industry 4.0 を導入することを目指して Industry + Advanced Market Alliance を創設した。業界に提供されるソリューションは，以下のように適用することができる（SENAI, 2018）。

・Industry + informed：生産に関するデータを収集するためにセンサーが，機械および装置にインストールされる。目的は，制御，品質，意思決定のための操作の詳細な情報を収集することにある。

・Industry + integrated：収集されたデータは，計算システムを通じて分析される。目的は，バリューチェーンを最適化し，サプライヤーと顧客を生産プロセスに統合することである。

・Industry + intelligent：インテリジェンス・プロジェクトを実施し，インテリジェント工場を通じて，柔軟で安全かつ効率的な工業製品の大規模なカスタマイズを目指す。

2-6-4　結論

ブラジルの生産性の向上は今後ブラジルがグローバルな市場で戦っていくためには必須である。さまざまな投資や新しい試みにより原価低減や生産性向上の活動がなされ，このことでブラジルという国の成長と各企業の発展が実現する。

B + P プロジェクトは，参加企業の評価指標ごとに見ると期待以上の成果を上げた。このプログラム実施のための政府の投資と各企業によりなされた投資は大きかった。

次のI+Aプロジェクトは必要技術を近代化するためにより多くの投資を必要とする。政府と各企業の投資は長期的な利益を生み出す。そして両者の利益につながることであるので，このプログラムによる改善を継続することが大切であり，適用されたリーン生産方式は継続される必要がある。それにより会社のルーチンとなり，参加企業がIndustry 4.0に関連する新技術が安定的に実現することへの助けとなろう。

参考文献：

CNI (Confederação Nacional da Indústria) (2015). Projeto da CNI alavanca produtividade das empresas. 2015, [online]http://www.portaldaindustria.com.br/agenciacni/noticias/2015/10/projeto-da-cni-alavanca-produtividade-das-empresas/ (accessed 29 October, 2017).

Filho, N. M., Campos, G., & Komatsu, B. (2014). A Evolução da Produtividade no Brasil. Insper, n. 12, 2014, [online] https://www.insper.edu.br/wp-content/uploads/2014/09/Evolucao-Produtividade-Brasil.pdf (accessed 04 November, 2017).

MDIC (Ministério da Indústria, Comércio Exterior e Serviços) (2017). Brasil Mais Produtivo aumenta em 51% produtividade de empresas. 2017, [online]http://www.mdic.gov.br/index.php/noticias/2736-brasil-mais-produtivo-aumenta-em-51-produtividade-de-empresas (accessed 18 October, 2017).

SEBRAE (Serviço Brasileiro de Apoio às Micro e Pequenas Empresas) (2014). Micro e pequenas empresas geram 27% do PIB do Brasil. Mato Grosso: Sebrae, 2014, [online] https://www.sebrae.com.br/sites/PortalSebrae/ufs/mt/noticias/micro-e-pequenas-empresas-geram-27-do-pib-do-brasil,ad0fc70646467410VgnVCM2000003c74010aRCRD (accessed 04 November, 2017).

SEBRAE (Serviço Brasileiro de Apoio às Micro e Pequenas Empresas) (2017). Pequenos negócios em números. São Paulo: Sebrae, 2017, [online]https://www.sebrae.com.br/sites/PortalSebrae/ufs/sp/sebraeaz/pequenos-negocios-em-numeros,12e8794363447510VgnVCM1000004c00210aRCRD (accessed 04 November, 2017).

SENAI (Serviço Nacional de Aprendizagem Industrial) (2017). Brasil mais Produtivo. Santo André, 2017, [online]https://santoandre.sp.senai.br/4363/brasil-mais-produtivo (accessed 20 October, 2017).

SENAI (Serviço Nacional de Aprendizagem Industrial) (2018). Industria mais Avançada. São Paulo, 2018, [online]http://www.portaldaindustria.com.br/senai/canais/inovacao-e-tecnologia/institutos-senai-de-inovacao/industriaavancada/ (accessed 22 March, 2018).

第Ⅱ部

移転手法の解析

リーン生産方式移転研究の背景と目的

これまでの章でブラジルの自動車産業の概観，そしてブラジル特有の環境について述べてきた。これらの準備段階を経て，この第Ⅱ部からリーン生産方式の移転方法の日系と欧米系企業の比較調査を開始する。第3章でリーン生産方式移転研究の背景と目的，第4章で移転に関する理論的背景，第5章でコミュニケーション理論に基づく移転メカニズム，第6章で部品サプライヤーの移転比較調査，第7章で調査結果の分析，そして，第8章で調査結果の考察と新興国でのリーン生産方式移転の成功への提言をする。

3-1 研究の背景

本研究には以下に述べる3つの背景がある。

1. 過去5年間にブラジルのOEM，Tier 1，Tier 2企業を50社近く訪問調査してきた。これらの企業がリーン生産方式を実践していると回答した。しかし，海外文献では，リーン生産方式の海外移転，特に新興国移転の約80％は失敗するという研究結果がある（Soliman, 2017；Liker, 2004）。これらの研究の中で，その理由として，マネジメントスタイル，トップのコミットメント，モチベーション，ツールの使い方の間違い，短期の利益志向の意思決定などが挙げられた。実際，日本においてもトヨタ生産方式の移転は必ずしも容易ではない。ブラジルの企業はリーン生産方式を継続的に実践しているのだろうか，そしてどのように実践しているか。

2. 第1章で説明したようにブラジルでのOEMの市場占有率の変化は興味深い。1990年までの産業政策が保護主義でFiat, VW, Ford, GMの4社による寡占状態であった。2000年前後から日系，韓国，新規の欧米系企業の参入が相次ぎ，先行4社の占有率が徐々に下がった。しかし，2013年から始まったブラジルの経済危機以降の先行4社の急落と，日系3社の急上昇は極端なコントラストで興味をそそる。過去日本においても不景気のときにトヨタ生産方式の力が顕在化した。リーン生産方式はQ（品質），C（コスト），D（納期）の能力構築をもたらし，競争力の向上に貢献するという視点（藤本，2017）から，この違いは欧米系と日系企業のリーン生産方式移転方法の違いにあるのではという疑問をもった。
3. 近年自動車産業はCASE（コネクテッド，オートノモス：自動運転，シェアリング，エレクトリック：EV）と呼ばれる大きなビジネスモデルの変化が起こっている。将来の製造に関しては，特にEV化の影響が大きい。今後自動車産業もEVが主流になり，パソコンのような「モジュール型」産業になるのではないかという危惧がある。リーン生産方式は，産業のモジュール化に伴いその重要性を失い，Industry 4.0やAIにとって代わられるのだろうか。

3-2　リーン生産方式の誕生

ここから，本研究の対象となっているリーン生産方式の誕生の経緯について振り返ってみたい。「リーン生産方式」という名称は，米国のMIT（マサチューセッツ工科大学）がトヨタ生産方式と大量生産方式を詳しく比較研究したプロジェクトIMVP（International Motor Vehicle Program）の中で初めて命名された。この「リーン（lean）」という言葉は英語で「やせた」とか，「脂肪がなく健康的」なことを意味する。このグローバルに通じる一般名が付けられたことにより「トヨタ」という社名を使わずに済むようにな

図表3-1　IMVPの発展

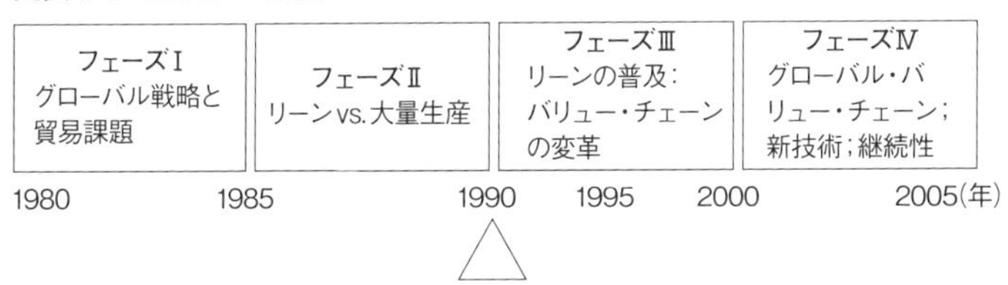

注：△は，ウォマック他（1990）が出版された時点を示す。
出典：ウォマック他（1990）

り，競合他社を含め世界中で本格的な導入が始まったといえるのではなかろうか。MITから参加していたJohn Krafcik氏により命名されたという（ウォマック他，1990）ことであるが，実に的確で分かりやすい名である。この研究によりトヨタ生産方式は，欧米（日本からの参加者も多数）の研究者の目で，客観的かつ実証的に研究され，『リーン生産方式が，世界の自動車産業をこう変える。』（ウォマック他，1990）の出版で，その本質が広く明らかになった（図表3-1）。この本は「大量生産方式」と「トヨタ生産方式」の違いを体系的に比較研究した優れたものである。筆者の知る限り，この2つの方式を詳細に比較調査した他の研究を知らない。この本の出版により，貿易規制で競争を回避したり，感情的に反発したりするのではなく，前向きに日本の生産システムを学ぼうというパラダイムシフトが起こったといっても過言ではなかろう。

大野耐一氏の言によればトヨタ生産方式の特徴は「コスト削減ではなく，良い流れ」を作る（大野，1978）ということにある。この点が，後に述べるFordとGMの開発した「大量生産」方式との決定的な違いであろう。以降述べるようにこの大量生産方式とリーン生産方式の違いが何か，それが国際移転にどのように影響するのかが本研究の主要な目的である。そして，ブラジルで起こっている市場シェアの変化（欧米系4社シェア下落，日系3社シェア増）がリーン生産方式の移転の成功に影響された結果であるかを考察したい。

これまで訪問したブラジルにおける日系企業はもちろんのこと，我々が訪問した欧米系企業Tier 1，そしてローカル企業Tier 2，3もリーン生産方式に興味をもち，何らかの形で導入を進行中または検討中であった。最初訪問した2013年はブラジル自動車産業の頂点ともいえる年で，まさにBRICS経済の時代で，今後どこまで伸びるかの楽観論に浸り，年600万台を想定して各社設備投資を準備し，事実多くの企業は投資を実施した。その後，急激な市場縮小の中，2015年，2016年，2017年と年を追うにしたがい不況が進行し，リーン生産方式への関心は真剣になりだしたと訪問するたびに感じた。特に2016年と2017年のリーン生産方式への熱意の変化にはいささか驚いた。日本でもトヨタ生産方式への注目度が本格的に上がったのは1973年，1979年の第1次，第2次オイルショックの後の不況時であるという説もある。不況になって初めてトヨタ生産方式の威力であるムダの削減，燃費の良さ，生産性の高さ，自動車所有者の故障修繕費の少なさが人々に認識されるのは世界共通かもしれない。

3-3　自動車生産方式の歴史的発展

研究の要として，大量生産方式とリーン生産方式の違いが分析される必要がある。つまり大量生産方式と比べリーン生産方式は今までの西洋的な思考方法とかなり異なる点があり，この点を明らかにする。自動車産業はもともとヨーロッパで発生し，米国にわたり大きく花を咲かせた西洋の技術であり，文化である。それがなぜ，東洋の片田舎の，三河の会社であるトヨタが世界一の自動車生産会社になることができたのか。そして，この狭い国の中に，なぜホンダ，日産，マツダ，スバル，スズキ，ダイハツ，いすゞ，日野といった自動車製造企業が発展しているのか，実に不思議といえる。この発展の大きな理由のひとつが，トヨタ生産方式による設計から開発，製造，販売を結びつける（インテグラル）能力にあることは多くの研究の指摘する点である（藤本，2017）。

図表3-2に示したように，自動車生産方式の歴史的発展は，1890年代の職人型生産により始まった。お金持ちの要望に応え，1台ずつ手造りで自動車が生産された。このやり方は極めて高価で時間のかかる生産工程であっ

図表 3-2　自動車生産方式の歴史的発展

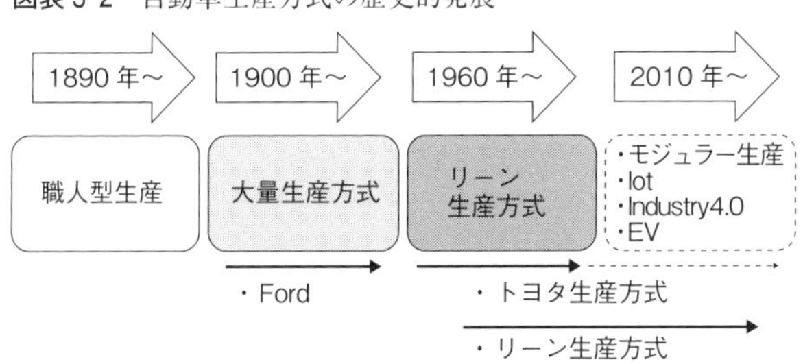

出典：ウォマック他（1990）を基に筆者作成

た。当時は自動車部品の互換性はなかった。

1900年代に入ると米国のヘンリー・フォード氏が標準化を進め，部品の互換性が確保されるようになる。この考え方を基に，大量の移民労働者を有効に活用できる分業型の単能工システムの採用で大量生産が可能になった。ここではフレデリック・テイラー氏が開発した科学的管理法が大いに活用された。このフォード・システムは，GMのスローン氏により受け継がれた。GMはターゲット・セグメントごとにモデルを開発し，単一モデルT型フォードしかもたないFordを追い抜き大いに発展することになる。このGMの方式も，分業型の単能工システムであったことにおいてはフォード・システムと変わらない。これが，大量生産方式と呼ばれる。

その後，1960年以降，トヨタ生産方式が徐々に世界で注目されることになる。原則として移民を受け入れない日本においては，1960年以降の急激な高度成長期間，慢性的な人手不足に見舞われることになる。この人手不足が，日本独特の労働者の長期雇用，部門間で人の融通性を上げる広い意味での多能力化（例えば，部門間）や狭い意味での多能工化（各工程内での相互の仕事を可能にする）や，少数サプライヤーとの長期契約を生んだといわれる。これを実現するため企業内での人材育成システムが整備された。これらのトヨタ生産方式の特徴である長期雇用，人材重視，チームワーク重視の経営方式を日本的経営と呼ぶことができるかの議論は別として，アベグレン（1958）の言う日本的経営の三種の神器（終身雇用，年功序列，企業内労働組合）という特徴にかなり近いといえよう。

IMVPの研究では，大量生産方式とリーン生産方式の違いについて以下の

図表 3-3 のような興味深い記述をしている。これらの分析を基にリーン生産方式の構造モデルを作成すると，図表 3-4 のように示すことができるのではないか。

図表 3-3　大量生産方式とリーン生産方式の違い

・大量生産との最も顕著な違いは，おそらく究極の目標にある。大量生産方式は「ほどほど」のレベルで，つまり許容範囲の欠陥率や在庫はやむを得ないものとして，バラエティの少ない標準化された製品を作ろうとする。これ以上やろうとすれば，コスト面でも人間の能力の面でも限界を超えてしまうと考える。

これに対してリーンな生産は，はっきりと完璧をめざす。一層のコスト低減をはかり，欠陥ゼロ，在庫ゼロ，無限のバラエティを持つ製品作りをめざすのだ。勿論，この究極の目標はまだ実現していない。おそらく今後も実現できないだろう。それでも完全性への飽くなき追求は，思わぬ波及効果を生み続ける。(p. 26)

・残った従業員は二つの点を保証された。一つは終身雇用。もう一つは職種よりも年功に重きを置く給与体系を導入する。……こうしてトヨタコミュニティの一員となった。(p. 73)

・少数ロットを組み立てる過程で積まれる訓練は，リーンな生産における効率アップと品質向上の重要なポイントの一つである。(p. 199)

・大野は簡単な型の交換技術を開発して，型を頻繁に換えようと考えた。(p. 71)

・この技術は誰にでも学ぶことが出来る……しかしエキスパートについて 10 年の実績が必要である。(p. 249)

・リーン生産では，硬直的なピラミッド型組織ではなくチームという枠組みで（p. 27)

・リーンな工場の神髄はダイナミックなチームワークにある。(p. 124)

・このシステムをうまく働かせるには，経営側が現場を全面的に支援することはもちろんだが，市場が縮小したときも，なにを犠牲にしても現場に対する雇用保障を確実に行わなければならない。(p. 127)

・彼らは労力の消費を最小限に抑え，互いの利益をはかるために双方が努力するという，欧州とは全く異なる砕組みの中で事業を行っている。力関係に基づく取引をやめ，代わりに，コスト分析，価格の決定，利益の配分面で協力する合理的構造を採用することにより，敵対的関係は協力的関係へと変わる。(p. 207)

・これとは対照的に，リーンな生産はその性格上相互扶助システムである。労働者は会社と運命を共にし，部品メーカーは完成車メーカーと運命を共にする。このシステムが正しく機能しているときは，積極的に貢献しようという意欲，リーンの神髄であるたゆまぬ改善に着手しようという気風が生み出される。(p. 308)

出典：ウォマック他（1990）

図表3-4　リーン生産方式の構造モデル

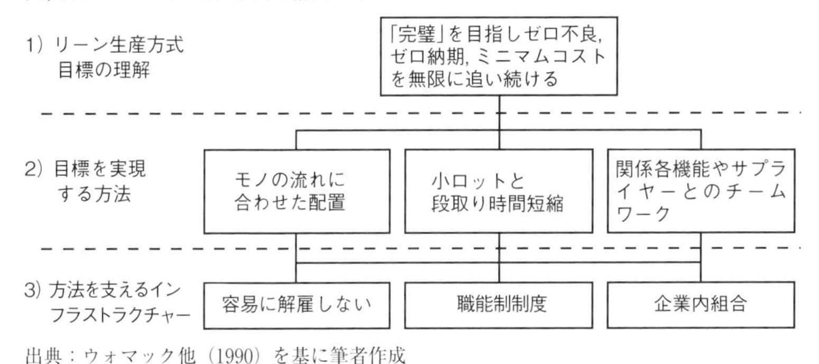

出典：ウォマック他（1990）を基に筆者作成

トヨタ生産方式の次に，何が新しい方式として出てくるかについてはいろいろな議論があるが，その中で最も話題にのぼるのが，ドイツ連邦教育科学省が勧奨して，2011年にドイツ工学アカデミーが発表したIndustry 4.0である。ドイツ政府が推進する製造業のデジタル化・コンピュータ化を目指すコンセプトであり，国家的戦略プロジェクトである。また，同時期に提唱されたものに，米国GEのInternet of Things（IoT）がある。ここではこれらの方式の詳細についての説明は他の資料に譲り省略するが，いずれにしてもデジタル化がその基本になっている。

これら以外にも自動車のモジュラー化のトレンドやEV化による生産技術方式へのインパクトについて議論がある。そして，これらの新方式を考慮してリーン生産方式の今後について，2つの議論があると解釈できよう。ひとつは，デジタル化の時代では，リーン生産方式はその有効性を失い，必要がなくなるという捉え方。他は，デジタル化の時代でも，自動車のような重さのあるインテグラルな製品の生産においては，リーン生産方式は今後も組織能力構築の重要な核であり続け，デジタル化と共生しその重要性は変わらないという立場である。

3-4　研究の目的

研究の背景は前述したように新興国へのリーン生産方式の移転，経済危機下でのリーン生産方式の競争力への効果，そして，CASE時代におけるリーン生産方式の存在意義である。これらの3つの関心事はそれぞれ極めて複合的であり簡単に解明できるものではない。

そこで本研究の目的をブラジルにおける日系企業と欧米系企業のリーン生産方式移転のメカニズムの比較（図表3-5）に絞ることとした。ここから見える移転の背景の日系と欧米系でのリーン生産方式の実践継続性の実態，日系と欧米系の移転の特徴，そしてEV化・モジュール化，については将来の課題であるので一部理論的（第4章4-8，アーキテクチャー）な検討をするにとどめることとする。

日系企業と欧米系企業の移転方法のメカニズムの違いをリーン生産方式のさまざまなルーチンの実践度の調査から解明する。これらのルーチンをコ

図表3-5　日系企業と欧米系企業リーン生産方式移転メカニズムの比較

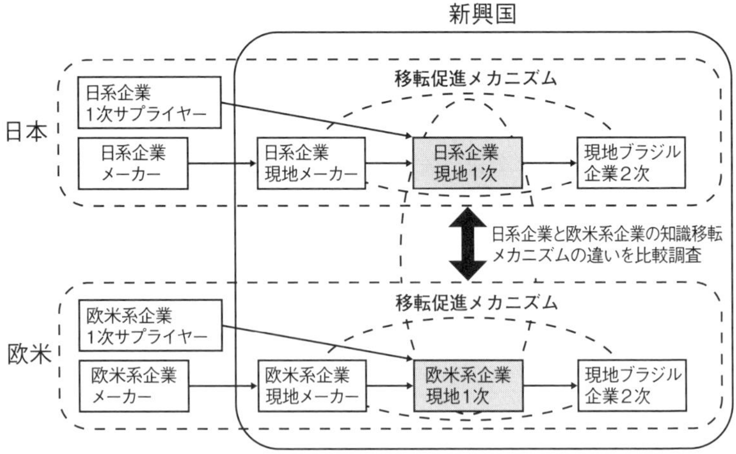

出典：筆者作成

ミュニケーション理論における移転促進の５要因，つまり，「モチベーション」「方針・制度」「吸収能力」「マインド・セット」，そして「移転される知識の特性」に分類して調査する。これらの詳細については第５章以降で述べることにする。

3-5　多国籍企業の知識移転

多国籍企業における知識移転の重要性についてはさまざまな研究がある。多国籍企業の強さはまさにこの知識移転能力とその知識の活用にあることはよく知られている（Gupta & Govindarajan, 2000）。図表3-6はその多国籍企業の知識移転の図である。

多国籍企業は，グループ企業群と本社から成り立つ複合組織である。本研究で対象にしているメーカー（OEM）も部品サプライヤー（Tier 1）もすべて多国籍企業である。本社工場と海外工場間で継続的な知識移転（リーン生産方式）が行われる。一般的には，知識は本社工場で開発され，グループ企業へと移転される。海外工場はさまざまな知識を本社工場や他の海外工場から入手する一方，自社の経験を本社や他のグループ工場へ発信する。その際，各海外工場はその国独自のコンテクスト（文化，社会経済，技術，政治

図表3-6　多国籍企業の知識移転

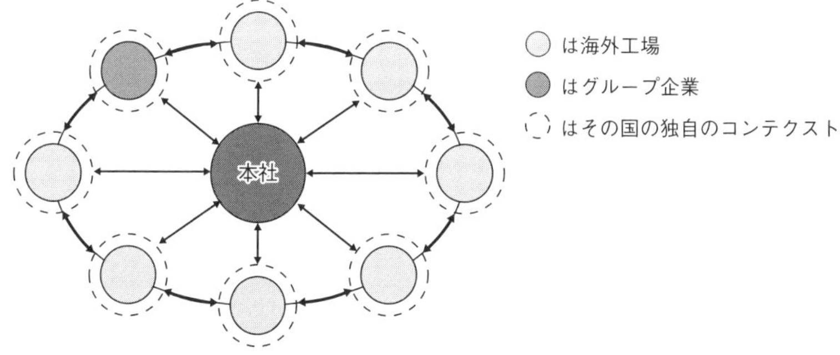

出典：筆者作成

など）の中で活動するため，移転された知識はこのコンテクストに合わせて再創造される必要がある。このことが新たな知識創造につながる可能性を生む。例えば，米国のフォード・システムは広く他社に公開されていたため，多くの外国企業が学んだ（ウォマック他，1990）。トヨタもその1社であった。Fordで学んだことをトヨタはそのまま日本で実現したかったが，日本の状況は多くの点で米国Fordとは異なっていた。例えば，戦後すぐの貧困な社内資源，狭い道路と所得の低さ，多様な好みに対応する必要などである。その結果，Fordの大量生産方式とは，根本的に異なる日本のもつ特殊事情にあったトヨタ生産方式が再創造されたといえる。

参考文献：

ANFAVEA (Associação Nacional dos. Fabricantes de Veículos Automotores) (2017). Estatisticas, [online] http://www.anfavea.com.br/estatisticas-2017.html (accessed 20 June, 2018).

Gupta, A. & Govindarajan, V. (2000). "Knowledge Flows within Multinational Corporations," *Strategic Management Journal*, Vol. 21, pp. 473-496.

JD-Power (2016). *2016 Brazil Customer Service Index (CSI) Study*, JD Power.

Liker J. K. (2004). *The Toyota Way*, McGraw-Hill Education. pp. 957-963.

Liker J. K. & Hoseus, M. (2008). *Toyota Culture*, McGraw-Hill.

Soliman, M. H. A. (2017). *Why Continuous Improvement Programs Fail in the Egyptian Manufacturing Organization?* Scientific Research Publishing.

アベグレン，J. 著，占部都美訳（1958）『日本の経営』ダイヤモンド社

ウォマック，J. P.，ルース，D. &ジョーンズ，D. T. 著，沢田博訳（1990）『リーン生産方式が，世界の自動車産業をこう変える。――最強の日本車メーカーを欧米が追い越す日』経済界

大野耐一（1978）『トヨタ生産方式』ダイヤモンド社

藤本隆宏（2017）『現場から見上げる企業戦略論』角川新書

第4章 リーン生産方式移転に関する理論的背景

リーン生産方式移転のメカニズムを解き明かすことに関連していると考えられる下記に示した関連研究について，以下簡潔に検討してみたい。これらの関連研究は，リーン生産方式自体やその移転に直接的または間接的に関連し，調査結果を考察するときの理論的な根拠となるものである。

- 知識創造理論：暗黙知と形式知
- 知の再創造
- 暗黙知の移転
- 戦略論から見た組織能力
- 文化論と日本的経営
- 日本的な人事労務制度
- サプライチェーン
- アーキテクチャー：モジュールとインテグラル
- 組織ルーチンとカタ
- モチベーション
- OJT コーチング

リーン生産方式の移転は，これらのさまざまな理論の側面をもつ複合体といえるのではなかろうか。それ故にリーン生産方式とは何かを理解することが困難となる。どこから始まり，どこが終わりかが分かりにくい。そのため，人によってリーン生産方式の説明内容が大いに異なることがあり，混乱する場合がある。

4-1　知識創造理論
―暗黙知と形式知―

リーン生産方式の移転は，知識の移転である。知識には，図表4-1に示すように暗黙知と形式知がある（Nonaka & Takeuchi, 1995）。暗黙知は，西洋の歴史ではあまり研究の対象とはならなかったがPolanyi（1966）が提唱し，野中・竹内（1996）が知識創造の重要な要因として位置付けて以来，その重要性が広く認識されるようになった。暗黙知は，特定状況における個人的な知識であり，形式化し他の人に伝えるのが困難である。形式知は文章や数式，グラフなど形式的・論理的な言語で伝達できる。

この暗黙知と形式知の相互作用で知識が創造されると野中・竹内（1996）は提唱した。この考えをモデル化したのがSECIモデルと呼ばれる図表4-2である。SECIとは，Socialization（共同化），Externalization（表出化），Combination（連結化）そして，Internalization（内面化）の頭文字をとったもので，図表4-2のようにこの4つのモードが次々と暗黙知から形式知へ，形式知から暗黙知へとスパイラルする過程で知識は創造されるとした（野中・

図表4-1　形式知と暗黙知

暗黙知	形式知
●言語化しえない・しがたい知識 ●経験や五感から得られる直接的知識 ●現時点（今，ここ）の知識 ●身体的な勘どころ，コツと結びつけた技能 ●主観的・個人的 ●情緒的・情念的 ●アナログ的，現場の知 ●特定の人間，場所，対象に特定・限定されることが多い ●身体経験をともなう共同作業により共有，発展増殖が可能	●言語化された明示的な知識 ●暗黙知（区切られた）から分節される体系的知識 ●過去の（区切られた）知識 ●明示的な方法・手順，物事についての情報を理解するための辞書的構造 ●客観的・社会（組織）的 ●理性的・論理的 ●デジタル知，コードの知 ●情報システムによる補完などにより時空間を超えた移転，再利用が可能 ●言語的媒介をつうじて共有，編集が可能

出典：野中・竹内（1996）

図表 4-2　SECIモデルによる知識創造

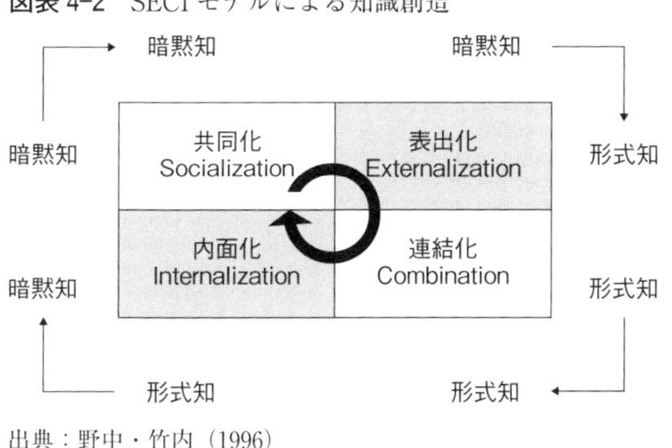

出典：野中・竹内（1996）

竹内，1996)。このスパイラルには，ナレッジ・ビジョンと呼ばれる「思い」の方向性が不可欠である。この「思い」がなければ，スパイラルの軸を失い回転することができない。「思い」は組織の理念であり，True North（真北で磁石の方向性）と呼ばれることもある。リーン生産方式の場合はQCDについて完璧を目指すことである。

以上の知識創造マネジメントとリーン生産方式移転との関連性を考えると，一番の特徴は，リーン生産方式の知識のほとんどが知識創造理論上の暗黙知の束であるといわれる点である。つまり，リーン生産方式は個人的主観的部分が多く，経験や行動から得られる五感的知識であり，他者に伝えるのが非常に難しいということである。そして，移転された知識はその国のもつコンテクストに合わせて再創造が必要とされる。

4-2　知の再創造

ある知識が移転されると，受け手側のコンテクストに合わせた再創造が受け手側でなされて初めてそこの環境で受け入れられ，有効性を発揮する。別の言葉で言えば，受け手の環境でその知識が有効性を発揮するまでは移転が終了したことにならない。

移転された知識は最初，形式知として伝えられ，その知識を受けての組織が自分の現場で行動してみる（形式知から暗黙知へ）という過程を通して「共同化」される。そこでコンテクストの違いによる新たな「気づき」を得て，それが議論され，上手く機能する部分やしない部分が「対話」される。自分たちのコンテクストでは，こうすれば上手くいくのではないかという「仮説」が立てられ，新しい状況下での仮説のテストがなされる。その結果をまた行動に移してみて議論し，そして新たな仮説を生み出す。このようにテストするというスパイラルの過程を通して，初めて受け手の環境で有効性を発揮する知識になっていくことになる（野中・紺野，2003）。

例えばトヨタは，社員をFordのルージュ工場に何カ月も滞在させ，その知識をくまなく学び日本に持ち帰らせ，同じことを再現したかったと思われる。つまりベルトコンベヤーによる「流れ」生産を日本で実現したかったわけであるが，日本のもつコンテクストがかなり米国とは異なった。つまり，日本には米国のような大量の単一モデル（例えばT型フォード）への需要はなく，多種少量の需要しかなかった。また，戦後すぐの日本には大型プレス機械を何台も設置するような資金力もなかった。それ以外にも異なる労働慣行，異なる消費者嗜好，そして経済環境などが全く異なった（ウォマック他，1990）。これらの異なるコンテクストがある場合，同じ知識を移転しようとしても上手くいかない。そのため，この与えられたコンテクストに適応させる必要が出る。これにより本来の意図とは異なる知識が創造されることがある。つまりFordのベルトコンベヤーで意図した「仕掛在庫なし」のアイデアを別の方法で実現することでトヨタ生産方式が形づくられたと考えることができる。このことをここでは「知の再創造」と呼ぶことにする。知識は受け手の環境下で，受け手のイニシアティブで実践され修正され，再創造され直さなければ使い物にはならないということである。

4-3　暗黙知の移転

ではこのような暗黙知に富む知識の移転に関して，先行研究はあるのだろ

図表 4-3　熟練技能の移転方法

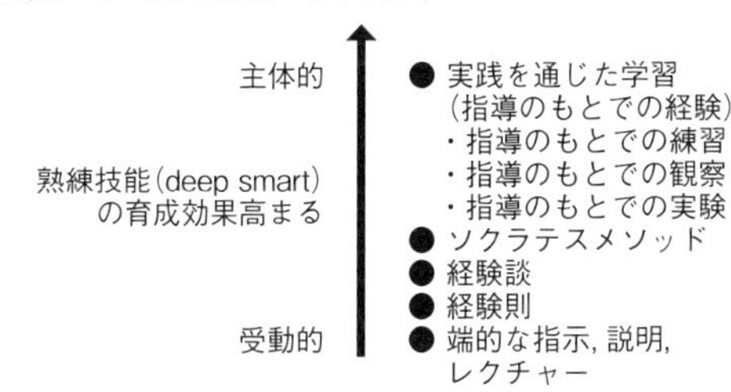

出典：レナード＆スワップ（2005）

うか。典型的暗黙知である熟練技能（deep smart）の移転についてレナード＆スワップ（2005）の研究がある。これは，起業経験の乏しい若手のマネジャーに専門知識（暗黙知のかたまり）を移転しようとするコーチたちについて，3年にわたる研究の成果をまとめたものだ。そして，その研究した結果を図表 4-3 のようにまとめた。その中で彼らは，経験や専門知識の中に含まれる暗黙知の果たす役割の大きさに気が付いたと語っている。この起業をどのように成功させるかという熟練技能は，行動様式や経験に立脚する暗黙知である。

暗黙知の移転は，教室で一方的に話を聴くような「受動的」な方法では困難であるとした。そして，暗黙知の移転には受け手が積極的に行動する learning by doing（行動することで学ぶ）のような「主体的」な方法が必要である。つまり実践を通じた学習（指導のもとでの経験）が必要との考えに至った。受け手が自分でやってみるプロセスが不可欠ということになる。教室で教わる知識は，たとえれば，水泳の仕方を理論的に学んだだけであり，その教室の知識で泳げるかというとこれは別物である。泳げるようになるためには，自分で水に入り実際に泳いで試行錯誤しないとできないのと似ている。

これは，トヨタで行われている熟練者による現場での OJT に極めて近い方法といえる。熟練者による指導のもとでの練習，指導下での観察，指導のもとでの実践という点，OJT によるコーチングの内容と極めて近いといえよう。

トヨタは世界各国の海外支社に約 2000 人のコーディネーターを配置し，現場でトヨタウェイの OJT を行っているという（Watanabe, 2007）。ちな

図表 4-4　トヨタのコーディネーター制度

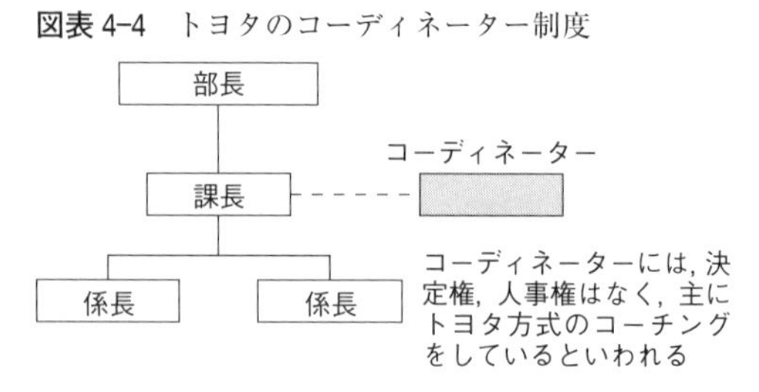

出典：トヨタ OB からの話

みにこの論文の著者である渡辺捷昭氏はトヨタの第5代代表取締役である。渡辺氏はそのインタビューの中で，2000 人のコーディネーターでは全く不足であると語っている。トヨタのコーディネーターの存在についてはあまり知られていないが，極めて特異な制度である。図表 4-4 に示すように，彼らはライン業務をもたず，ローカルの人が占める職位に並行に配置され，主に業務実施中にトヨタウェイの OJT またはコーチングを担当している。つまり実務を実施中にその場，その瞬間に指導しないと効果が薄いことを意味する。これによりローカルスタッフは，実務でトヨタウェイに則ったマネジメントの仕方を理解，実践する。コーディネーターたるトヨタ社員は，指導することで自らもトヨタウェイのより深い理解をすると同時に，人を職権ではなく人間力で動かすことを学ぶといわれる。

これらのレナード&スワップと渡辺氏の文献は，人が人に伝える暗黙知としてのリーン生産方式の移転法のひとつの原則をよく示しているといえよう。

4-4　戦略論から見た組織能力

ここからリーン生産方式の移転を，戦略論の立場で検討してみる。戦略の分類についてはさまざまな論があるが，ここではクリステンセン他（2012）の考え方を適用して図表 4-5 のように分類し，論じることとしたい。戦略

図表 4-5　戦略の分類

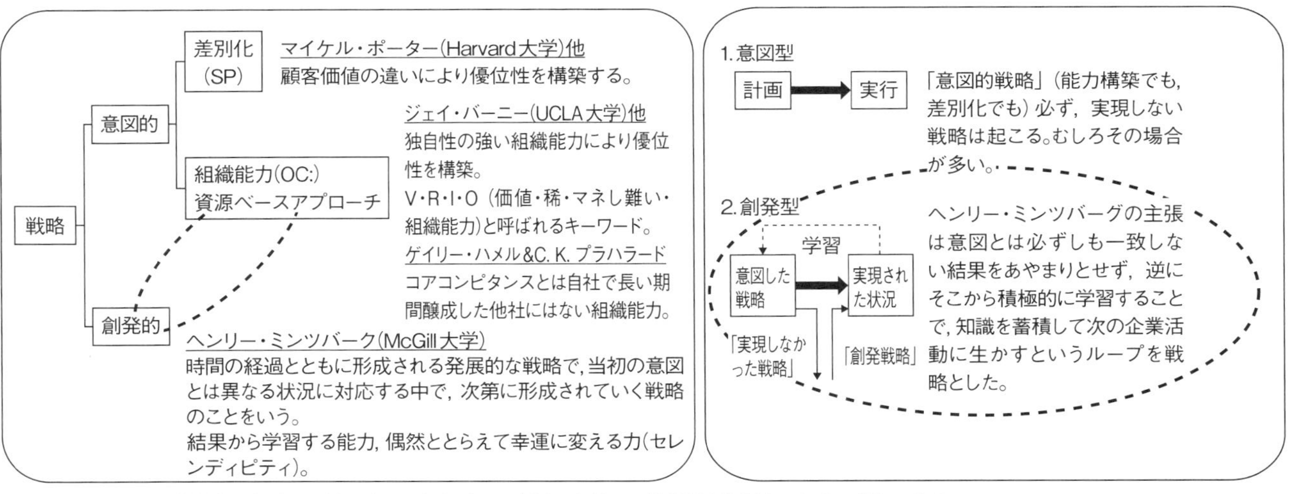

注：左図の点線は組織能力と創発の関係が強いことを示し，右図の点線は，創発型を強調するために付してある。
出典：クリステンセン他（2012）と青島・加藤（2012）を基に筆者作成

は，図表 4-5 の左の図に示すように，大きく意図的と創発的に分かれる。そして，意図的戦略はポーターの差別化論（Porter, 1998）と資源ベースアプローチ（Barney, 1996）やコア・コンピタンス（ハメル&プラハラード，1995）に代表される組織能力戦略に分かれる。組織能力とは，「組織（企業）がある活動や仕事を，他の組織（企業）よりも上手に，しかもコンスタントにこなす力」（藤本，2001）としている。

意図的とは，「こうしたい」という明確な目的や目標をもっていることを指す。例えば，ホンダが米国市場に進出するときに立てた戦略は，既存メーカーに負けない大型バイクを製造し，格安価格で製造し，欧州勢から 10% のシェアを奪うというものであったといわれる。これはいわゆる本社の企画部門や戦略部門が立案する戦略である。

しかし，現実には，この当初の意図に対して，予期しなかった結果や失敗，思いがけない機会や脅威が現れることが往々にしてある。このような意図しなかった状況に対応する中で生まれるのが創発的と呼ばれる戦略である。このような予期せぬ機会，つまり前もって予見し，意図的に追求できない機会を取り込む戦略をカナダのマギル大学のヘンリー・ミンツバーク教授は創発的戦略と名付けた（Mintzberg, Ahlstrand, & Lampel, 1998）。

本研究の対象であるリーン生産方式は，この組織能力構築戦略のひとつである。一般的に組織能力がなぜ他社に模倣されにくく，競争優位性を保つことができるのか，その理由については，第 1 にその暗黙性，つまり因果関係の不明確さ，そして経路依存性であるといわれる。経路依存性とは，組織ルーチンが企業内で長い時間をかけ，紆余曲折を経て形成されることをいう（青島・加藤，2012）。差別化戦略についてはここでは詳しく述べないが，その性質上時間の経過とともに他社に模倣される。そのため能力構築により補完的に足場を固める必要があるといわれる（楠木，2010）。

多くの場合，組織能力構築中さまざまな予期せぬチャンスや課題が発生するため，創発的な対応による進化が必要になる。新しいポジショニングにより差別化し競争優位を狙うが，時間の経過とともに追従する他社に対する優位性保持のために組織能力構築をする。その組織能力構築の間にさまざまな予期せぬ事態が起こり，これを後知恵的に取り込む。この優位性を向上させる創発戦略，組織能力構築戦略，差別化戦略には，以上の意味で相互関連性があるといえよう。

4-5　文化論と日本的経営

4-5-1　文化論

文化論には，3層からなる構造を明らかにしたシャイン（1989），経営文化の国際比較で有名なホーフステッド（1984），そしてホーフステッドの弟子で同じく経営文化国際比較の Trompenaars（1996）の論文や分類が有名である。米国の文化人類学者である Hall（1976）が提唱した文化区分のひとつである「ハイ・コンテクストとロー・コンテクスト文化」という考え方は，リーン生産方式の国際移転に有用な視点を与えてくれる。この識別により，国や地域のコミュニケーション・スタイルの特徴が理解しやすくなる。ここで使われている「コンテクスト」とはコミュニケーションの基盤である「言語・共通の知識・体験・価値観・ロジック・嗜好性」などのことである。ハイ・コンテクスト文化とはコンテクストの共有性が高い文化のことで，伝える努力やスキルがなくても，お互いに相手の意図を察し合うことで，なんとなく通じてしまう環境のことを指す。とりわけ日本は島国でもあり，生活レベルの均一性が高くコンテクストの共有度が高い。その上に，同一企業で長く勤務する人が多く，共有時間や共有体験に基づいてコンテクストが形成される傾向が強い。「同じ釜のメシを食った」仲間同士ではツーカーで気持ちが通じ合うことになる。このことから，ハイ・コンテクスト文化においては，「コミュニケーションの成否は会話ではなく共有するコンテクストの量による」ことと，「話し手の能力よりも聞き手の能力によるところが大きい」といわれる。一方，欧米などのロー・コンテクスト文化ではコミュニケーションのスタイルと考え方が多様である。そのためコンテクストに依存するのではなく，あくまで言語によりコミュニケーションを図ろうとする。そこで，言語コミュニケーションに対し高い価値と積極的な姿勢を示し，コミュニケーションに関する諸能力（論理的思考力，表現力，説明能力，ディベート力，説得力，交渉力）が重要視される。ハイ・コンテクスト文化の日本人は一般的にこれらの能力が低いといわれる。

ロー・コンテクスト文化の国では，その傾向から「契約」という文書により取引を規定することが多い。そして「契約」と「訴訟」の繰り返しが一般的である。一方，ハイ・コンテクスト文化の国では，契約よりも信頼をベースに取引を行うことが多い。昨今ではグローバルスタンダードという流れの中で契約重視の社会になってきているが，『2016年版弁護士白書』によれば弁護士1人当たりの国民の数は，日本が3373人，ドイツが406人と圧倒的な差がある。その意味で，日本の信頼社会，ゲルマンの契約社会という分類は腑に落ちる。

海外でのコミュニケーションにおいて，日本人のもつハイ・コンテクスト文化の特徴が色濃く出ることが多く，これがリーン生産方式の移転にも影響を及ぼすことがある。

4-5-2　日本的経営

日本的経営の特質を最初に指摘したといわれる米国のアベグレン（1958）は，その内容を，①定年まで勤続する終身雇用制，②年功序列（学歴と勤続）による賃金（年功賃金制）と昇進（年功昇進制），③企業内労働組合，④福利厚生施設の充実，を挙げた。前三者は，その後，日本的経営の三本柱ないし三種の神器と呼ばれるようになる。

川上・長尾・伊丹・加護野・岡崎（1994）によれば図表4-6に示すように，一番上に書かれた「経営システム」は，組織や管理システム，業務の仕組みを示し，企業により大きく異なる。この経営システムはより大きな社会とのかかわりの中で存在する。日本という共通の価値観の中に成立し，日本社会のルールの上に成り立つ。このルールの大きなものは，外部の組織体や社会との取引関係である。企業は労働や資本というような経営資源を外部から調達する。この社会との接点でさまざまな取引が行われる。このルールの

図表 4-6　日本的経営システム

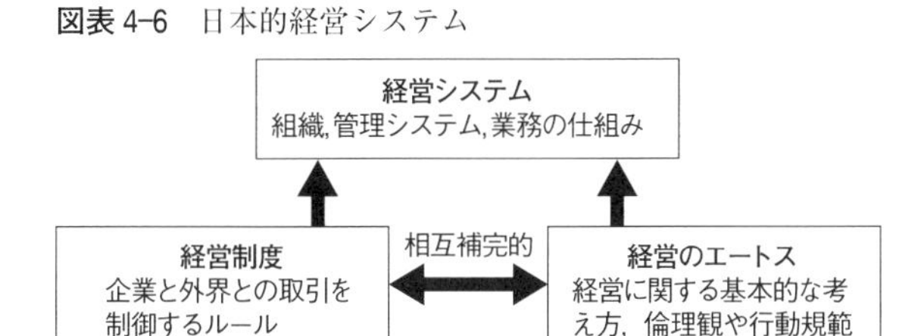

出典：川上他（1994）

集合体を「経営制度」と呼ぶ（図の左下のボックス）。この経営制度は社会的な制度であり，日本の社会の中で，各企業に共通性がある。この共通性を日本的と呼ぶ。このルールの一部は法律として存在し，また慣行として存在するものもある。文化論で述べたように日本には慣行として存在するものが西洋に比べ多いといわれる。慣行といわれるものは人々に共有された意識，精神であり，倫理的規範と呼ばれるものである。例えば，終身雇用制等である。このようなものを「経営のエートス」と呼び，右下のボックスに示した。

経営制度の中の取引ルールには３つあり，１つめは雇用制度で，それは前述した終身雇用，年功序列主義，企業内労働組合に代表される。２つめはガバナンスで，３つめが原材料などの資源の取引である。日本型の特徴は，後のサプライチェーンのところで触れるが，少数サプライヤーとの長期取引と階層的構造が基本で，共同利益の最大化を目指す。これは多数のサプライヤーと短期的に価格を中心として選別契約する“見えざる手”による管理に対して，“見える手”による取引ルールと呼ばれる。

4-6　日本的な人事労務制度

前述したように，日本的な人事労務制度は，アベグレンが名付けた奇跡の成長を生んだ三種の神器と呼ばれる，終身雇用，年功序列，企業内労働組合に代表される制度といえる。現在では，終身雇用はさすがに完全実施の会社はないにしても，社員を容易に解雇しないというエートスは日本の社会に未だに存在する。欧米では不況になり稼働率が落ちれば余剰人員を解雇することは社会通念として合意されている。

2つめの年功序列といわれる職能資格制度（skill based system）は，従業員が有する職務能力を基準に区分・序列化する日本独自の（人を基準にした）等級制度を指す。勤続年数が長くなれば，それだけ職務を遂行する能力が高いと定義付けられており，要するに，年功序列や終身雇用を前提にした等級制度である。職能資格制度で対象となる職務遂行能力は，勤務する企業が社員に期待する能力であり，職務等級制度で求められる職務（仕事）とは異なる。そのため，勤務している会社では役に立つ能力だが，転職したとき，他の会社では通用しない可能性がある。2015年1月に一般社団法人日本経済団体連合会が行った「2014年人事・労務に関するトップ・マネジメント調査」の結果によると，基本給の賃金項目の構成要素として「職能」を採用している割合は管理職で52.2%，非管理職で66.6%と未だ高い水準にある。

グローバルな労働市場の実態を考えると，高学歴の有能な現地社員が日系企業を嫌い，欧米系の企業に職を求めるケースが目立つため，現地では「有能社員の即戦力化」が急務となっている。そこで勤続年数を考慮しない仕事を基準とした職務等級制度や，役割や会社への貢献度（成果主義）を前提にした役割等級制度（ミッション・グレード制）を段階的に取り入れる企業が増えている。一方，リーン生産方式においては，技能の習得が重視されるために職能制の方が向いているという見方がある。組立の作業から徐々に，班長，リーダー，管理職へと昇進することで現場の実態を理解できる管理者が育ち，チームワークが醸成されリーン方式の移転が促進される。

3つめの企業内労働組合については，海外の産業別労働組合に比べ，会社の労使の一体感を生みやすいという意味で大きな優位性をもつ。産業別組合では，経営者対労働者というホワイトカラー対ブルーカラーの分断を生みやすい。

4-7　サプライチェーン

次にサプライチェーンの面からリーン生産方式の移転を考えてみよう。日本的経営のところで述べたように，日本企業は買い手の「見える手」が競争を促進させる取引で，欧米系は「見えざる手」による自由取引をベースとする。自動車のサプライチェーンは他産業とは異なる特徴をもつ。図表4-7は，米国企業と日本の企業の米国工場，それと日本企業の3つを比べた研究の結果である（クスマノ＆武石，1998）。

図表4-7　米国企業，日本企業の米国工場，日本企業の比較

項目	米国	日／米	日本
取引企業数	最多（1.8）	最小（1.2）	少ない（1.3）
タイプ	内製，独立系	在米系列，独立系 日本サプライヤー	独立系，日本系
企業間取引年数	長い（10年）	短い（1−4年程度）	長い（10年超）
契約期間	短い（1.7年）	長い（2.5年）	最長（3.2年）
部品取引年数	長い（3.2年）	短い（1.6年）	最長（3.5年）
サプライヤー選定理由（重視点）	過去の実績，資本関係	価格と品質	価格
サプライヤー選定時期	早い	最も早い	最も遅い
サプライヤーの開発の役割	70％承認図 30％貸与図	64％承認図 23％貸与図	96％承認図 4％独自開発
目標価格達成率	目標を上回る（109％）	目標を上回る（110％）	目標以下（98％）
価格変化	上昇（+0.9％）	低下（−0.4％）	低下（−2.1％）
不良率	高い（1.81％）	低い（0.05％）	最も低い（0.01％）
不良率変化率	低下（−1.7％）	低下（−30.1％）	低下（−9.1％）
保有情報	少ない，主に統計的品質管理データ	多い，特に生産工程	多い，特に生産工程，コスト
改善提案	少ない	多い	多い

出典：クスマノ＆武石（1998）

自動車産業のサプライチェーンはリーン生産方式の移転に直接的な影響を与える。特に日本型のサプライチェーンは独特で，垂直型でメーカーとの関係が多岐にわたり強く関係する。クスマノ＆武石（1998）の調査結果では，設計業務を「承認図方式」（日本は96%，米国は70%）という方法で基本仕様だけを与え，詳細設計をサプライヤーに任せた。

これによりサプライヤーは，さまざまな改善を織り込んだ設計をかなりの自由裁量をもって行うことができるようになった。VA（value analysis）やVE（value engineering）の考え方を取り入れ，また，製造しやすさを考え，最も品質が高く，コストの安い方法で設計製造ができるようになった。これらの重要な仕事を共同で行うために，少数のサプライヤーが設計コンペに招かれ，過去の実績を見ながら価格のみではなく総合的にサプライヤーの評価選択がなされる。

そのため，契約期間は図表4-7に見られるように米国系（1.7年）より長く日本は3.2年である。また，製品にかかる特定の原価目標を設定してその達成のために実施される初期段階での総合的管理活動を行う「原価企画」という方法で，目標価格を提示しその達成率を測定している。米国は目標をオーバーした見積もりで，日本企業は98%と目標価格を下回っている。これも設計時，さまざまなカイゼン活動やVEやVAを取り入れ原価を下げる活動の成果といえる。「価格変化」は，契約後納入価格がどのように変化するかを示したもので，米国は0.9%上昇し，日本は2.1%減少している。これは，日本のサプライヤーが納入後もカイゼンを継続的に実践し，その価格の低減に成功していることを示している。「不良率変化率」は契約後の品質のカイゼンを示し，日本は9.1%の不良低減に成功していることが示されている。カイゼン提案の状況も，日本は多い，米国は少ないと示され，メーカーとサプライヤーの間で密なコミュニケーションがとられカイゼンが継続していることが示されている。承認図方式でVA，VEや提案を奨励し原価企画の値に近づけ，納入開始後も継続的に，価格変化や品質変化をフォローする。このこともサプライヤーのQCDF向上にプレッシャーをかけ続けることができる関係をつくっている。

もうひとつ重要な点は「保有情報」の項である。米国は「少ない，主に統計的品質管理データ」とあるのに対し，日本と日／米では「多い，特に生産工程，コスト」となっている。このことは日系OEMはサプライヤーの工場内に入り込み，どのような工程でどの位のコストでモノが作られているかよく把握していることを示している。

4-8 アーキテクチャー
—モジュラーとインテグラル—

設計においては，その具体的な因果関係知識（寸法，形状やエンジンの馬力と燃費など）を固有技術と呼び，抽象的な対応関係に関する知識（エンジン・車体・車台と燃費・衝突安全性などの間の影響関係）をアーキテクチャーと呼ぶ。設計の具体的側面と抽象的側面ともいえる（藤本，2017）。

図表4-8に示すように，アーキテクチャーは，モジュラー型（組み合わせ型）とインテグラル型（すり合わせ型）に分かれ，それが，またクローズドとオープンに分かれるマトリックスとして表現される。

インテグラルでクローズドな領域には，本研究の対象である自動車産業，オートバイ，軽薄短小の家電製品が入る。また，モジュラーでオープンな領域には，パソコンや自転車といった産業が分類される。インテグラルは最適性能・最適品質・最適コストを達成するために，組織内のきめ細かい連携と

図表4-8　アーキテクチャー

	インテグラル（すり合わせ）	モジュラー（組み合わせ）
クローズド（囲い込み）	クローズド・インテグラル型 ・自動車，オートバイ ・軽薄短小家電製品	クローズド・モジュラー型 ・メインフレーム ・工作機械
オープン（業界標準）		オープン・モジュラー型 ・パソコンシステム ・自転車

出典：藤本（2004）参照。

調整を実現するチームワークが鍵となる。

モジュラー型とインテグラル型といわれるアーキテクチャーの違いが，リーン生産方式の移転に大きな役割を果たしている。今後，自動車の設計および生産がモジュラー化したときにどのような影響が生産方式へ現れるか。例えば，VW の発表した MQB（ドイツ語で Modulare Quer Baukasten），トヨタの TNGA（Toyota New Global Architecture），日産の発表した CMF（Common Module Family）そして，マツダのコモンアーキテクチャーなどのモジュール化構想が発表され，現実化している。これにより日本の自動車産業のインテグラルの強みが失われるのではないかという危惧の念が一部の人々にある。

もうひとつは，自動車の EV 化により設計，製造がモジュラー化して，1990 年以降急速に競争力を失った日本の家電業界の二の舞を演じることはないかという点である。それまでの「すり合わせて作り込む」という日本の調整（インテグラル）型の現場が得意とする組織能力の重要性がモジュラー化の中で低下したということである。このようなことが自動車産業においても起こりうるか。

この問いに答えて藤本（2017）は，3つの点から反論している。第1は，アーキテクチャーはインテグラル化，モジュラー化の二分法ではなく，連続的なものであり，各製品は純インテグラルと純モジュラーを両極端とするスペクトルのどこかに位置付けられ，設計の競争優位にとって大事なのは，その相対位置であるという点。日本には常にインテグラルな製品群は必ずあり，自動車はそのひとつであると主張する。第2には，複雑な製品には階層性がある。また製品がモジュラー型のままで性能を高めると，部品に負荷がかかり，中がインテグラル化しやすい。第3に，自動車は1トン近い重量物の製品であり，デジタル・バーチャル財ではない。重い高性能財の場合（自動車はその典型）は，むしろ設計が複雑化・インテグラル化する傾向があると説明している。

VW の MQB について，藤本（2017，p. 243）は興味深いコメントをしている。「グローバル 1000 万台の生産体制でブランドもモデルも増加するなか，VW の MQB などのモジュール化戦略は，ある意味ではインテグラル化

図表 4-9　次世代車のアーキテクチャー計算

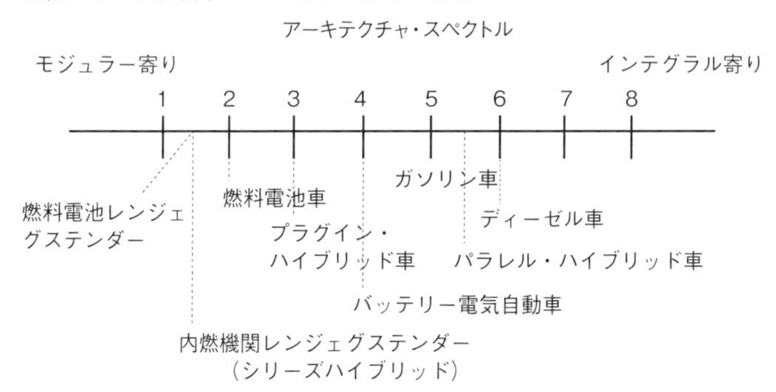

出典：藤本（2017）p. 236，図6

の方向へのシフトだともいえるということだ。つまり，VWは共通モジュール戦略の十数年前の1990年代に，共通プラットフォーム戦略を打ち出しているが，このときはクルマの下部（車台）全体が共通の固定部分であるとされた。それが今回は，厳密な共通化（固定）部分はエンジン周辺の長さ数十センチの部分まで圧縮されている。他の共通モジュールも，車台よりずっと小さい。車台全体というような巨大なモジュールの共通化では，もはや良いクルマをたくさんつくるのは無理なので，固定部分を縮小したともいえるだろう」。このような状態でも，モジュラー化という名前がついているため，一見今までより電気機器産業のようなモジュラー化となっている印象を与えるが，実は逆でインテグラル化しているという。

図表4-9は藤本（2017）が示した次世代自動車のアーキテクチャー指数である。この結果によれば，最もインテグラル寄りのディーゼル車が6，次に，パラレル・ハイブリッド車の5.5，ガソリン車の5，バッテリー車の4，プラグイン・ハイブリッド車の3，燃料電池車の2，そして最もモジュール寄りの内燃機関レンジェグステンダーと燃料電池レンジェグステンダーが1.5となっている。この試算から見る限り，ガソリン車とバッテリー電気自動車の差は，1であり，EVは今までのガソリン車と全く異なるモジュラー製品という印象はかなり弱められる。駆動源である，エンジンがモーターに代わっても，「曲がる」「止まる」「走る」という3要素とのインテグラルな調整集約能力は不要にならないことを意味しているのではないか。とすれ

ば，リーン生産方式の強みである異なる組織間のチームワークや，小刻みのカイゼン能力は必要であり続けることになろう。

4-9　組織ルーチンとカタ

トヨタには，約400近い組織ルーチンが存在しているという（藤本，2017）。そこで組織ルーチンとは何かをここで概観しておきたい。これらの組織ルーチンとは，第5章以降説明する「知識それ自体」や「モチベーション」や「制度や方針」に関する組織ルーチンに関するものである。例えば，日常的に繰り返し実践されているものとして，小集団活動，PDCAによる管理，朝礼をはじめとする定期的ミーティング，プルシステム，流れ生産，自働化などに関するものである。本書ではこれらをリーン生産方式のルーチンと考え，これらのルーチンがどの程度実践されているかを6段階で評価する。これらのルーチンの実践により，品質，コスト，納期，そしてフレキシビリティの向上のためのカイゼンを促進することに関与していると考える。

ルーチンは行動に関する「実践プロセス」という暗黙知を，移転できるように小分けした引き出しのようなものである。本研究ではリーン生産方式の組織ルーチンの移転がどのようになされるかに焦点をあてているので，この組織ルーチンについて検討してみたい。

日本は，多くの行動様式を「カタ」という形でもつ世界的に特異な国である（De Mente, 2003）といわれる。このような行動様式は「カタ」（方，形，または，型）と呼ばれ，伝統的に「カタ」が多くの生活様式の中に確立している。日常生活では「考え方」「作り方」「食べ方」「お辞儀の仕方」「お参りの仕方」「話し方」などがあり，また，武道においても「松濤館流の空手の型」「示現流の型」など，茶道，剣道，弓道，華道など「道」（英語でway，例えばToyota Way）は多くのカタから成り立っている。これらのカタは，ルーチンと同意語で，何かをやる方法，手法，パターン，標準的な動作方法であり，事前に定められ，または，振り付けされた一連の動作，慣習となっている手順，訓練法や演習である。

欧米においても多くの先行研究がある。組織ルーチンの概念を定式化したのはCyert & March（1963）といわれる。彼らは組織の意思決定に注目し，組織の意思決定は標準運営手続き（standard operating procedure：SOP）に従う営みで，SOPは，意思決定ルーチンと業務遂行ルーチンにより構成されるとした。SOPに準じた行動が期待どおりの成果をもたらさなかった場合，組織は環境の変化を感知し，変化に適応するためにルーチンを変化させる。この現象を「組織学習」と彼らは定義した。ルーチンを環境適応的に変化させるメタ・ルーチンが仮定された。このメタ・ルーチンがルーチンをどのように変化させるかが議論の中心のようだが，ここではこれ以上深入りしない。

また，Becker（2004）は，集団において観察される反復的な相互作用のパターン，すなわち仕事の進め方や取り組み方において共通する行動パターンを組織ルーチンと定義した。Levit & March（1988）によれば，業務を遂行する上でのルールや具体的な作業手続きで，必ずしも成文化されていないような慣習を含むとした。こうしたルーチンが存在するからこそ，組織に参加する個人は自らの役割やアイデンティティ，取るべき行動の範囲を見出すことができるとした。逆にルーチンがなければ，個人は組織の中でどう振る舞えばよいか分からない。以上はルーチンの大きな意味での解釈といえる。

本題であるリーン生産方式には，カイゼン・ルーチンが組み込まれている。ルーチンとは，ツールや原則よりも，日常業務の中で何回も繰り返すと望ましい結果につながる一連の手順（思考や行動様式のパターン）により特徴付けられる（ローザー，2016）。トヨタでの問題解決ルーチンについて図表4-10のような側面が観察される。

トヨタのビジョンまたはTrue Northは，方向性を指すものでターゲットとは異なる。ターゲットは「到達点」であり，ビジョンは「方向」である。トヨタ生産方式のビジョンは，不良ゼロ，100%付加価値，一個流し，安定雇用である。そして，カイゼン活動に明確な方向性を与えるものである。必要な議論は，どうすればこのビジョンに近づけるかという点に集中する。一般的に，このターゲット状態を設定することが一番困難であるが，明確なビ

図表 4-10　問題解決のトヨタのルーチン

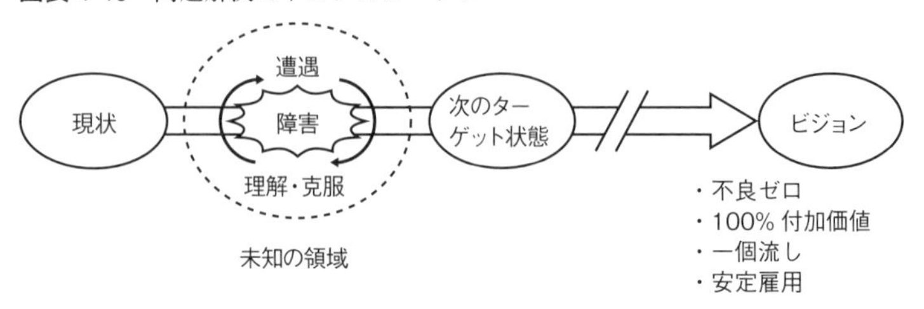

出典：ローザー（2016），図 5-1 を筆者が一部修正

ジョンが存在するお陰で方向性が決まり，その設定が随分と楽になる。あらゆる職場でこのビジョンに向かい，日々実現に一歩一歩近づく活動をすることが望まれる。

4-10　モチベーション

本節では第 5 章以降解説する知識移転促進要因のひとつ，「モチベーション」とは何かの先行研究を整理する。リーン生産方式の良好な移転のためには，知識提供者と獲得者両者が知識移転へ高いモチベーションをもつことが鍵となる。

モチベーションとは動機付けを意味し，「目標達成のために高いレベルの努力を行おうとする個人の意思」（榊原，2002）と定義される。ここでいう目標とは，組織の目標と個人の目標の両方で，2 つが同じ方向を向いたときにモチベーションは最も高くなるといわれる。

モチベーションの理論に関しては，1950 年代に出た，「欲求段階説」「X 理論－Y 理論」そして「動機付け－衛生理論」が古典的なものとして位置付けられ，その後出た「ERG 理論」（生存：existence，関係：relatedness，成長：growth），「マクレランドの欲求理論」，「公平理論」，「期待理論」などがあるが，本研究では，榊原（2002）を参考に，欲求段階説と動機付け－衛生理論にホーソン研究を入れた 3 つの古典的モチベーション理論に絞って考察してみたい。

1）マズローの欲求5段階説

榊原（2002）によれば，欲求段階説は大きく2つの仮定から成り立っているという。第1の仮定が，人間行動を欲求の満足化行動と仮定する考えである。マズローは①生理的欲求→②安全の欲求→③所属と愛の欲求→④承認の欲求→⑤自己実現の欲求の5つの欲求次元を人間はもっていると考えた。これらの欲求で満足されていないものがあると，それが人間の内部の緊張を引き起こし，人間はその緊張を解除しようとして行動を起こすという。第2の仮定が，欲求の5つの次元がそれぞれの優勢度（prepotency）に従い，下から上に順に階層をなしているという考えである。最上位の自己実現の欲求だけが満たされても，重要度は減少せず，逆に増加すると考えた。つまり人間の最終的なモチベーションは，自己実現にあるといえる。

2）動機付け－衛生理論

ハーズバーグ（1968）により提唱され，モチベーションには①モチベーションを高める「動機付け要因」と，②「衛生要因」と呼ばれる，それが不備であると職務不満を発生させるが，整備することで不満の発生を防止することが可能な要因の2つがあるとした。図表4-11はその動機付け要因と衛生要因の項目別の構成を示したものである。

科学的管理法で有名なフレデリック・テーラー（F. W. Taylor）は，お金によるモチベーションを前面に出した考え方で，Fordでも当時破格の給与を支払うことで，労働者雇用の維持に努めた。ハーズバーグの理論によれば，給与や地位は衛生要因としてとらえられ，「不満足度」を減らす要因と考えられる。そして目標の達成，承認，仕事そのものが人々の「満足」を高めるものであり，これらは動機付け要因としてとらえられた。前述した知識創造の暗黙知と形式知との分類で考えれば，動機付け要因はどちらかというと暗黙知であり，一方，衛生要因である，会社の方針と管理，労働条件，給与などは形式知に近いと考えることができる。その意味で動機付け要因を実践するためにはコンテクストが必要になり，ある程度の時間が必要になる一

図表 4-11　ハーズバーグの満足要因と不満足要因の比較

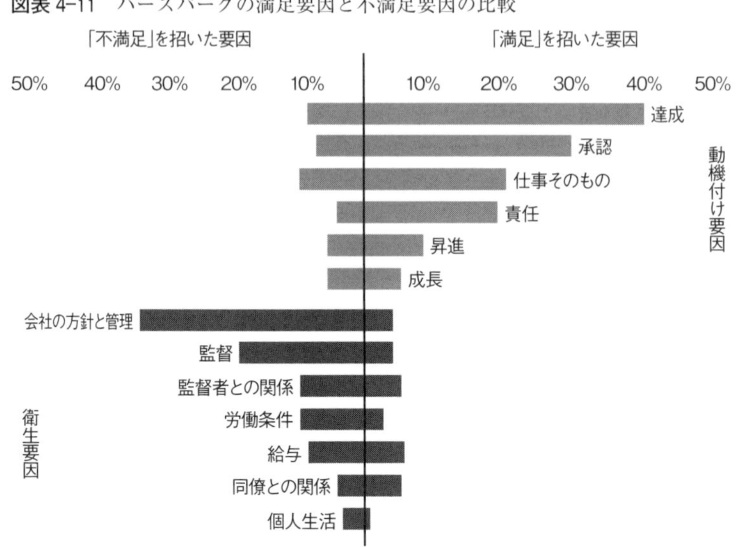

出典：https://motivation-up.com/motivation/herzberg.html

方，衛生要因は明示的で分かりやすく，短期間で理解されやすい。

3）ホーソン研究

メイヨー（E. Mayo）やレスリスバーガー（F. J. Roethlisberger）たちは，作業環境（休憩や照明）と生産性の関係を調査する中で，作業環境よりも工場内あるいは働く人々の間のインフォーマルな人間関係，そこに発生するモラール（士気）やチームワークが生産性に大きな影響を与えることを見出した（吉原，2013）。ホーソン工場実験を起点とする人間関係論は，生産技術や労働環境といった仕事の設計に着目してきた科学的管理法から，人間関係やモラールに着目する経営管理へパラダイムシフトを実現した。リーン生産方式で実践される小集団活動や会社のイベントの企画実施により醸成される人間関係は，このインフォーマルな人間関係を育むものであり，メイヨーやレスリスバーガーの研究結果に近い効果をもたらすと考えられる。

４）競争について

もうひとつ，今までのモチベーション理論にあまり出てこない「競争」という概念をここで考察してみたい。競争によるモチベーションの向上は，サプライチェーンの買い手による「見える手」による部分と，社内のグループ企業間の競争から発生する部分の２つがあると考えられる。

「競争」についての研究は，他人と比べ勝つか負けるかという明確な判定が出るので判断しやすいスポーツ関係にはいくつか見受けられるが，従業員との関係での研究は少ないようである。

あの人には負けたくない，あの会社には負けたくない，あのグループには負けたくないという感情による捉え方といえよう。また，いわゆるピア・エバリュエーション（同僚間評価）（Wikipedia：https://en.wikipedia.org/wiki/Peer_assessment）の側面からも考えられる。簡単にいえば仲間の目による評価，他人の目を気にする競争感情によるモチベーション要因である。しかし，この競争結果の比較が，単なるランキングや勝ち負けの結果以外に，事業所としての新規ビジネスの獲得や喪失，インセンティブ，人事評価で昇給，昇進や降格に結び付くときは，ハーズバーグ理論の動機付け－衛生理論の「衛生要因」的な性格をもつことになる。

自動車産業の部品サプライヤーには，下記に示すように，日系，欧米系を問わず，外部からの評価と競争にさらされ，この結果リーン生産方式の移転が促進される側面が見受けられる。

①　企業グループ内の「KPI」が定期的（月，四半期，半年，年間）に本社に報告され，各企業グループ各社がランク付けされ，発表される。企業によっては，その結果が管理職の報酬に反映されることもある。

②　サプライヤー各社の品質，納期，コスト低減に関する評価がOEM（買い手である組立企業）により定期的になされ，その成績が定期的に公表される。

例：トヨタにおけるモチベーションの継続――ある元トヨタマネジャーの話

ある元トヨタのマネジャーと話をしていたときに聞いた話であるが，モチベーションの継続には大きく２要因があるという。ひとつは，歴史的に，現

図表 4-12　トヨタのカイゼンを継続する方法

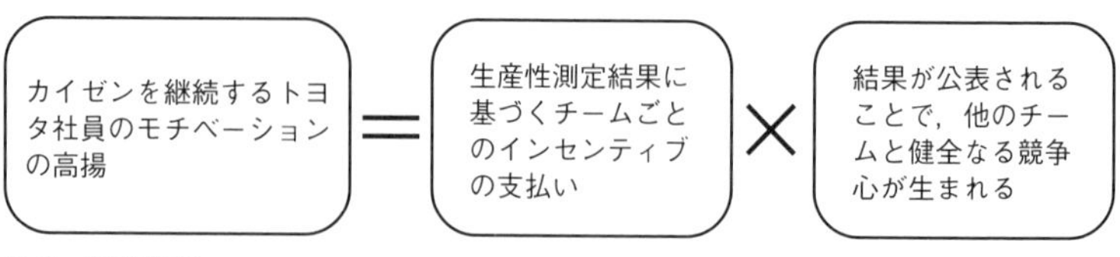

出典：筆者作成

場の生産性は綿密に測定されており，その結果を反映したチームごとへのインセンティブがあること。つまりチームベースの「衛生要因」のモチベーションといえる。もうひとつは，その生産性の違いを社内で公表することで，他のチームに負けてなるものかという健全なる競争心が生まれること。この2つが長期にわたるカイゼン活動を活性化しているという解釈であった。人によりさまざまな解釈があろうが，なぜ何十年経っても製造をしている人々から毎年驚くべきカイゼン結果が出てくるのかのひとつの説明としてなぜか納得できる部分がある。

4-11　OJT コーチング

トヨタの世界中に赴任するコーディネーターについては，4-3「暗黙知の移転」のところで一部触れたが，ここで詳しく，これらの人々がトヨタ社内あるいは海外工場でどのようにOJT コーチングしているかを見ていきたい。2012 年当時，トヨタは全社で 2000 人のコーディネーターを世界中に派遣していた(Watanabe, 2007)。そして，米国に NUMMI を開設したときは，400 名のコーディネーターを派遣したといわれる。これらのコーディネーター，専門家や監督者のことをここでは，コーチと呼ぶことにする。これらのコーチが，誰を対象に，どのような方法でトヨタのカイゼンルーチンを伝授しているのかを見ていこう。コーチは営業，開発，製造，事務作業等広範囲に配置されているようだが，ここでは製造現場の組み立てに焦点をあてて見てみることにする。

図表 4-13　トヨタのライン組織のカイゼン活動模式図

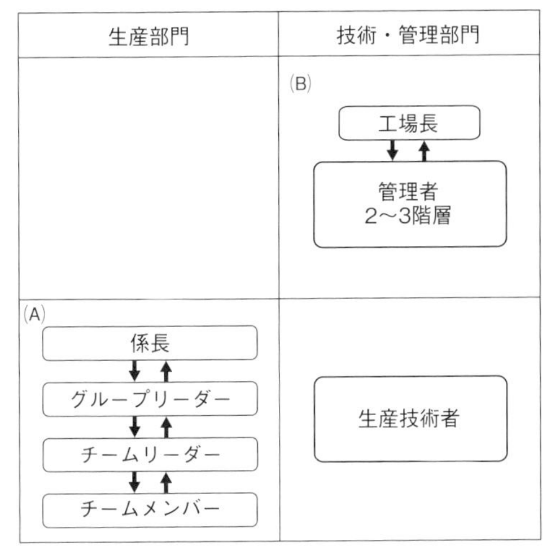

注：(A)カイゼンのカタを使った現場の工程カイゼンの大半は
　　これらの人が行う。作業者は自分の工程の作業を行う。
　　(B)この人たちはカイゼンのカタを他の問題に適用する。
出典：ローザー（2016），図表 7-2 に筆者が一部追記

最初に誰を対象にコーチしているかを見よう。図表 4-13 は，トヨタではカイゼンが誰により行われているかを示している。

清水（ローザー，2016）によれば，作業者自身による「自主的カイゼン活動」によるカイゼンは，全体の 10% で，90% はチームリーダーや生産部門の監督・スタッフ，生産技術者が業務の一環として行ったものであるという。そして，作業者自身の行ったカイゼン活動の評価は，カイゼンそのものというよりは，作業者のカイゼンマインドや能力を高め，チームリーダーへ昇進する選定の要因として考慮されている（ローザー，2016)。ということは，コーチをしてカイゼン能力を向上させるべき対象者はチームリーダーが中心となる。

次の疑問はどのようにコーチするかという点である。現場での OJT で行うというのが原則である。前述した，熟練技能の移転のところでも触れたように，暗黙知の移転は教室の講義では難しく，あくまで learning by doing が必要という考え方に則っている。あくまで，コーチと生徒が一対一の関係で，カイゼンのルーチンの伝授を，現地現物で行う。

作業中に問題が起これば，作業者はアンドン（異常を知らせる電光表示盤）を引く。1シフト1000回位アンドンが引かれるといわれる。するとチームリーダーが即座に現場に駆け付け，問題を解決すると同時に現状を観察する。このチームリーダーをコーチして育てるのがグループリーダーや係長の役割である。当然，作業者は本日の出来高を達成するのに忙しいので，カイゼンは主にチームリーダーやそれ以外の監督者，または生産技術者の仕事になり，彼らの業務時間の50％近い時間がこのカイゼンに使われているという。コーチの目的は，問題解決ではなく，グループリーダーの問題解決能力の向上にある。そのため，質問し，相手に考えさせるコーチングの手法が使われる。

4-12　まとめ

多くの先行研究を基に論じてきたが，これらの論が本研究にどのように結びつくかということが大切である。重要なことはリーン生産方式の知識が暗黙知中心であることが出発点となる。暗黙知の習得は聞いただけでは移転されず自分で実践してみなければできない。そして1回では深くまで習得できず，繰り返し行動することが必要である。その過程で，意図しない結果が出てもそこから創発的に学ぶ姿勢が重要となる。

ではどうすればカイゼンが継続できる環境を考えられるのか。例えば，自動車産業の日本的サプライチェーンはOEMが少数サプライヤーと長くビジネスを継続する中で，相手の経営内容まで深く知ることでカイゼンにある程度の強制力をもった関係になる。また，モチベーションのひとつとしての競争関係は，他の競争相手を意識することでカイゼンを継続する力を生む。また，リーン生産方式は組織能力構築という戦略（内部資源戦略）であり，労使間の一体感，社員相互の意思の疎通，チームワークが極めて重要である。これらは自動車のようなインテグラルな製品の製造には極めて重要な条件となる。この条件は長期的人材育成による日本的経営の三種の神器に負うところが大きい。長期雇用，職能制人事制度による内部昇進，企業内組合制度が大きな役割を果たしている。自動車のようなインテグラルな製品の設計・製造には異なる職場のチームワークが極めて必要である。リーン生産方式という暗黙知に富み，人と人との関係で伝承できる技術にはコーチによる個人的で長期にわたるトレーニングが必要になる。一概にOJTと言ってもさまざまなやり方があり，精緻な準備と実施要項が必要である。

参考文献：

Barney, J. B. (1996). "The Resource-based Theory of the Firm," *Organizational Science*, Vol. 7 No. 5, pp. 469－592.

Becker, M. C. (2004). "Organizational Routines : A Review of the Literature," *Industrial and Corporate Change*, Vol. 13 No. 4, pp. 643－677.

Cyert, R. M. & March, J. G. (1963). *A Behavioral Theory of the Firm*, Prentice-Hall.

De Mente, B. L. (2003). *Kata : The Key to Understanding & Dealing with the Japanese!*, Tuttle Publishing.

Hall, E. T. (1976). *Beyond Culture*, Anchor Books, and a division of Random House Inc.

Herzberg, A. F. (1966). *Work and Nature of Man*, Ty Crowell Co., Reissue.

Levit, B. & March, J. G. (1988). "Organizational Learning," *Annual Review of Sociology*, Vol. 14, pp. 319－340.

Mintzberg, H., Ahlstrand, B., & Lampel, J. (1998). *Strategic Safari : A Guided Tour through the Wilds of Strategic Management*, Prentice Hall, Upper Sadle River.

Nonaka, I. & Takeuchi, H. (1995). *The Knowledgecreating Company*, Oxford University Press Inc.

Nonaka, I., Toyama, R., & Konno, N. (2000). "SECI, Ba and Leadership : A Unified Model of Dynamic Knowledge Creation," *Long Range Planning*, Vol. 33 No. 1, pp. 5－34.

Polanyi, M. (1996). *Tacit Dimension*, University Chicago Press.

Porter, M. E. (1998). *On Competition*, A Harvard Business Review Book Series, Harvard Business School Press.

Szulanski, G. (1996). "Exploring Internal Stickiness : Impediments to the Transfer of Best Practice within the Firm," *Strategic Management Journal*, Vol. 17 No. 2 (Winter Special Issue), pp. 27－43.

Trompenaars, F. (1996). "Resolving International Conflict : Culture and Business Strategy," *Business Strategy Review*, Vol. 7 No. 3, pp. 51－68.

Watanabe, K. (2007). "Lessons from Toyota's Long Drive," *Harvard Business Review*, July-August, pp. 74－83.

青島矢一・加藤俊彦（2012）『競争戦略論［第2版］』東洋経済新報社
アベグレン，J. 著，占部都美訳（1958）『日本の経営』ダイヤモンド社
池永謹一（1971）『現場のIE手法―わかりやすい解説と演習』日科技連出版社
ウォマック，J. P., ルース，D., &ジョーンズ，D. T. 著，沢田博訳（1990）『リーン生産方式が，世界の自動車産業をこう変える。―最強の日本車メーカーを欧米が追い越す日』経済界
川上哲郎・長尾龍一・伊丹敬之・加護野忠男・岡崎哲二（1994）『日本型経営の叡智』PHP研究所
楠木建（2010）『ストーリーとしての競争戦略―優れた戦略の条件』東洋経済新報社
クスマノ，M. & 武石彰（1998）「自動車産業における部品取引関係の日米比較」藤本隆宏・西口敏宏・伊藤秀史編『サプライヤー・システム：新しい企業間関係を創る』有斐閣，pp. 147－180.
クリステンセン，C. M. 他著，櫻井祐子訳（2012）『イノベーション・オブ・ライフ―ハーバード・ビジネススクールを巣立つ君たちへ』翔泳社
榊原清則（2002）『経営学入門（上）』日本経済新聞社
シャイン，E. H. 著，清水紀彦・浜田幸雄訳（1989）『組織文化とリーダーシップ』ダイヤモンド社
テイラー，F. W. 著，有賀裕子訳（2009）『［新訳］科学的管理法―マネジメントの原点』ダイヤモンド社
日本経済連合会（2015）『2014年人事・労務に関するトップ・マネジメント調査結果』
日本弁護士連合会（2016）『弁護士白書』
野中郁次郎・紺野登（2003）『知識創造の方法論』東洋経済新報社
野中郁次郎・竹内弘高著，梅本勝博訳（1996）『知識創造企業』東洋経済新報社
ハーズバーグ，F. 著，北野利信訳（1968）『仕事と人間性―動機づけ―衛生理論の新展開』東洋経済新報社
ハメル，G., &プラハラード，C. K. 著，一條和生訳（1995）『コア・コンピタンス経営―大競争時代を勝ち抜く戦略』日本経済新聞社
藤本隆宏（2001）『生産マネジメント入門（Ⅰ，Ⅱ）』日本経済新聞社
藤本隆宏（2004）『日本のもの造り哲学』日本経済新聞社
藤本隆宏（2017）『現場から見上げる企業戦略論―デジタル時代にも日本に勝機はある』角川新書
ホーフステッド，G. H. 著，萬成博・安藤文四郎監訳（1984）『経営文化の国際比較―多国籍企業の中の国民性』産業能率大学出版部
吉原正彦編著，経営学史学会監修（2013）『経営私学叢書Ⅲ　メイヨー＝レスリスバーガー　―人間関係論』文眞堂
レナード，D. &スワップ，W. 著，池村千秋訳（2005）『「経験知」を伝える技術―ディープスマートの本質』ランダムハウス講談社
ローザー，M. &シュック，J. 著，成沢俊子訳（2001）『トヨタ生産方式にもとづく「モノ」

と「情報」の流れ図で現場の見方を変えよう!!』日刊工業新聞社
ローザー, M. 著，稲垣公夫訳（2016）『トヨタのカタ―驚異の業績を支える思考と行動のルーティン』日経BP社

第5章 コミュニケーション理論による移転のメカニズム

5-1 コミュニケーション理論の促進要因

人と人とのコミュニケーションには，図表5-1のように4つの要素が関係するといわれる。それら4つとは，伝えられる「知識の特性」「知識提供者」「知識獲得者」，そして，両者間の「チャネル」である。つまりある人が他の人にあるアイデアをうまく伝えるためには，両者の間には何らかのチャネルがないとコミュニケーションは成立しない。

この知識それ自体が，知識提供者から知識獲得者にどの位上手く伝わるかについて，コミュニケーション理論（Gupta & Govindarajan, 2000）は，移転阻害要因（以降，本書では促進要因と呼ぶ）として，5つの要因があるとしている。それらは①「知識特性」，例えば，暗黙知に富んだものか形式知なのかで伝え方や伝わり方は大きく異なる。知識提供者と知識獲得者に関し

図表5-1　コミュニケーション理論による構成4要素と5促進要因

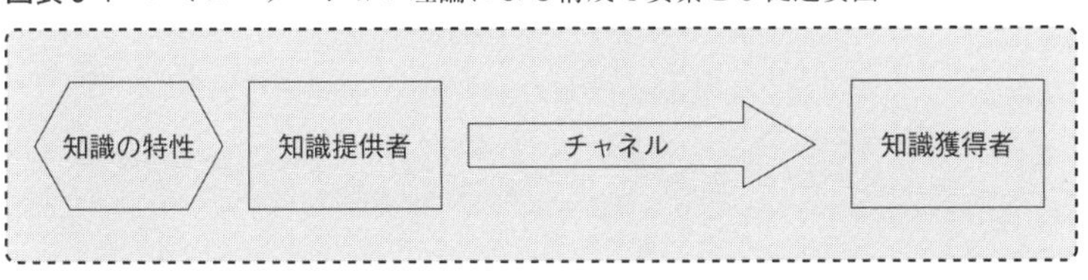

出典：Gupta & Govindarajan（2000）を基に筆者作成

ては②「モチベーション」の有無，高低，つまり伝える気がなければ伝わるものも伝わらないし，受け手に聞く気がなければ伝わるものも伝わらない。例えば，NUMMIでトヨタ生産方式がGMにあまりインパクトを与えなかったのはGMにNIH（Not Invented Hereシンドローム）という感情，つまり相手を低く見て，学ぶという姿勢が欠けていたためといわれる。常に新しいものを学ぶというモチベーションがあるかないかで伝わり方は大きく異なる。さらに知識獲得者に必要とされるのが，移転される知識を理解し吸収する③「吸収能力」であり，これは例えば数学を学ぼうとしてもある程度の基礎知識がなければ理解できず，学べない。そして，「チャネル」に関しては，④「フォーマル・チャネル」つまり，制度やシステム，例えば教育方法のようなものがなければ伝わらない。もうひとつは⑤「インフォーマル・チャネル」というマインド・セット共有による共同化の度合いである。

5-2　移転促進要因の測定

上記の5つの促進要因を基に，リーン生産方式で使われている約400近いというルーチンの中から関連するものを図表5-2に分類してみた。但し，最

図表5-2　コミュニケーション理論の促進要因（知識特性以外）の質問項目への関連づけ

コミュニケーション理論の要因	知のタイプ	ファクター	質問項目
モチベーション ・外部要因 ・内部要因	暗黙知	人の参加	QCサークル，提案制度，カイゼン結果発表，トップマネジメントの関与，推進委員会，福祉厚生，定期的ミーティング
吸収能力	形式知	教育研修と訓練	TQC/TQM，TPM，IE，OJT
フォーマル・チャネル	形式知	経営方針と制度	方針管理，KPIの測定と公示，原価管理，職能資格制度，多能工化
インフォーマル・チャネル	暗黙知	マインド・セット	ビジョン・ミッション・バリュー 挑戦，失敗から学ぶ，現地現物，自主性，チームワーク

出典：筆者作成

初の「知識特性」については次頁の図表5-3で説明する。

さて，図表5-2は，知識特性以外の促進要因であるモチベーション，吸収能力，フォーマル・チャネル，インフォーマル・チャネルを説明している。これらの4つの促進要因について，知のタイプとして形式知か暗黙知か，ファクター，そして生産方式に関するさまざまなルーチンの名前を質問項目として展開した。

「モチベーション」要因は暗黙知タイプであり，「人の参加」に関するルーチンの実践度により測定が可能であると考えた。そこで，質問項目として，QCサークル活動，提案制度への参加，カイゼン結果の関係者の前での発表，トップマネジメントの関与，推進委員会の活動，福利厚生施策，定期的ミーティング（例えば，毎朝のミーティングなど）と関係付けた。

同様に「吸収能力」に関しては，「教育研修と訓練」プログラムの実施で，TQC/TQM，TPM，IE，OJTである。

「フォーマル・チャネル」に関しては，「経営方針と制度」であり，この要因は形式知型といえる。これらは方針管理，KPI（重要管理指標）の測定と結果の公示，原価管理，職能資格制度，多能工化でこれらの実践程度を測定する。

「インフォーマル・チャネル」に関しては，「マインド・セット」でビジョン・ミッション・バリューの浸透，挑戦，失敗から学ぶ，現地現物，自主性，チームワークで実践度を測定できると考えた。

5-3　知識特性の測定

次に後回しにしていた，「知識特性」（図表5-3）について考える。ここでの知識特性は，リーン生産方式の知識特性である。そこでトヨタのいうトヨタ生産方式の知識特性としてトヨタがホームページに公表している2要素，「自働化」と「JIT（ジャスト・イン・タイム）」に関するルーチンを検討することにした。これについて，前述の4つの促進要因と同じように，知のタ

図表 5-3　知識特性の質問項目への関連づけ

コミュニケーション理論の要因	知のタイプ	ファクター	質問項目
移転される知識特性	暗黙知	自働化	自動停止装置，アンドン，見える化，自工程完結化品質管理，ポカヨケ
トヨタ生産方式の内容		JIT	プル方式，流れ方式，タクトタイム，平準化
		その他	PDCA サイクル，カイゼン，標準の見直し，5 S，QC 7 つ道具

出典：筆者作成

イプ，ファクター，質問項目の内容で図表 5-3 にまとめた。

5-4　トヨタ生産方式の目標とリーン生産方式

5-4-1　トヨタ生産方式の定義

ここで，トヨタ生産方式について，もう少し検討してみたい。図表 3-2（本書 93 頁）の生産方式の発展で述べたように，まず「大量生産方式」から「リーン生産方式」へ変革され，それが他組織へ移転される。この移転のメカニズムを調べるのが本研究の目的である。何が大量生産方式でどこがどう変わったからリーン生産方式になるのかという点がなかなか分かりにくいと思われる。この違いを考える上で，まず大切なのはトヨタ自身の記述（定義）である。トヨタはそのホームページでトヨタ生産方式とは以下の内容であると説明している（http://www.toyota.co.jp/jpn/company/vision/production_system/）。

「ムダの徹底的排除の思想と，造り方の合理性を追い求め生産全般をその思想で貫き，システム化した生産方式」

と定義されている。さらに，

「トヨタ自動車のクルマを造る生産方式は，『リーン生産方式』，『JIT（ジャスト・イン・タイム）方式』ともいわれ，今や，世界中で知られ，研究されている『つくり方』です。『お客様にご注文いただいたクルマを，より早くお届けするために，最も短い時間で効率的に造る』ことを目的とし，長い年月の改善を積み重ねて確立された生産管理システムです。トヨタ生産方式は，『異常が発生したら機械がただちに停止して，不良品を造らない』という考え方（トヨタではニンベンの付いた『自働化』といいます）と，各工程が必要なものだけを，流れるように停滞なく生産する考え方（『ジャスト・イン・タイム』）の２つの考え方を柱として確立されました。『自働化』と『ジャスト・イン・タイム』の基本思想によりトヨタ生産方式は，１台ずつお客様の要望に合ったクルマを，『確かな品質』で手際よく『タイムリー』に造ることができるのです」

と説明されている。この「自働化」については，次のように説明されている。

「問題を顕在化・見える化――品質は，工程で造りこむ！――不良品や設備の異常は機械が自動的に止まり，人が作業を止めることで解決。『ジャスト・イン・タイム』の実現には，造られ，引取られる部品がすべて良い部品でなければなりません。それを実現するのが『自働化』です。」

5-4-2　小ロット生産とリーン生産方式

ここで，究極の「良い流れ」である「小ロット」についてまとめておくことにする。

トヨタの生産ビジョン（True North）は，不良ゼロ，付加価値率100%，一個流し，順序一定，社員の雇用保障だといわれる（ウォマック他，1990；ローザー，2016）。一個流しとは，ある工程から次の工程まで，仕掛ゼロ，待ち時間ゼロ，ロットまとめなしで部品が直接移動し，顧客に納入されることを指す。図表5-4は，この仕組みの簡単な数値例である。この例は，旋盤と研削盤の２工程からなり，サイクルタイムはいずれも１分である（着脱・搬送を含む）。一番上が，旋盤と研削盤の間の仕掛品在庫ゼロだとすると，旋盤開始から研削終了までの生産期間（スループットタイム）は，２分となる。次の例は，旋盤作業と研削作業の間に，仕掛品在庫が１個ある場合で，スループットタイムは３分となる。一番下は，仕掛品在庫が10個ある場合

図表 5-4　仕掛品在庫と生産期間

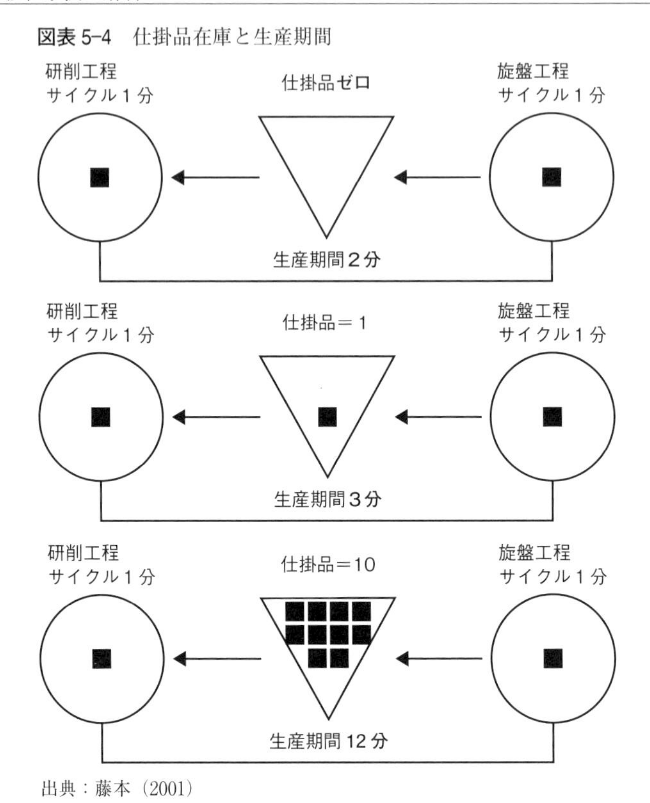

出典：藤本（2001）

で，この場合のスループットタイムは12分となる。このように工程間の仕掛在庫ゼロの一個流しの場合，スループットが一番短くなる（藤本，2001）。

この一個流しにより，不良品は在庫として滞留することなく，原則としては次工程で発見され，そのとき生産は停止され，真因が究明されて，原因が取り除かれる。つまり不良品を出さず品質向上に役立つ。また，仕掛在庫がゼロのためにリードタイムが短くなり付加価値時間比率が上がることになる。つまり一個流しは，品質を上げ，リードタイムを短縮する。

しかし，多品種生産の中で一個流しを実現しようとすると，段取り替えが課題となる。従来の生産方式はこの段取り時間の影響を最小にするために，ロットまとめをすることで段取り時間の比率を相対的に減少しようとしていた。段取り替えは必要悪であり，ここには手は付けられないという前提のもとに工程が設計されていた。

リーン生産方式は，True Northを不良ゼロ，付加価値率100%，一個流しとして，機械を止めずにできる段取り時間はそのために圧縮し短縮化すべき挑戦課題としてとらえる。その方法として，段取り作業を「外段取り」と「内段取り」に分けて，機械を止めて行う内段取りをなるべく機械を止めなくても行える外段取りにできないかをまず考える。次に，内段取りをいかに短縮するかを考えて時間短縮に努める。ワンタッチ化，無調整化，そのための治工具の工夫がなされる。その結果，トヨタでは，「シングル段取り」という言葉が生まれ，過去には数時間かかった段取りを10分以内，最近では，10秒以内に達成することが事例として出るようになってきた。これにより，原材料から顧客まで同期した，仕掛在庫の低減によるジャスト・イン・タイム生産システムの実現，設備稼働率の向上，必要設備の最小化などさまざまな面でその効果を発揮することとなった。

5-5　まとめ

リーン生産方式の移転を，コミュニケーションのひとつと考える。つまり本社が海外の支社にリーン生産方式の知識をコミュニケーションする（移転）と考えるのである。コミュニケーション理論には，「知識それ自体」「知識提供者」「知識獲得者」「両者のチャネル」の4つの要素がある。また，知識移転の成否は5つの要因（促進要因）により影響される。それらは「モチベーション」「吸収能力」「フォーマル・チャネルとしての方針・制度」「インフォーマル・チャネルとしてのマインド・セット」そして「知識特性」である。その中でも「知識特性」が重要である。リーン生産方式の知識は，大量生産方式の知識とは異なり，流れ（JIT）と不良を流さない（自働化）の2つを実現するものである。

参考文献：

Gupta, A. & Govindarajan, V. (2000). "Knowledge Flows within Multinational Corporations," *Strategic Management Journal*, Vol. 21, pp. 473－496.

ウォマック, J. P., ルース, D., & ジョーンズ, D. T. 著，沢田博訳（1990）『リーン生産方式が，世界の自動車産業をこう変える。─最強の日本車メーカーを欧米が追い越す日』経済界

大野耐一（1978）『トヨタ生産方式』ダイヤモンド社

藤本隆宏（2001）『生産マネジメント入門（Ⅰ，Ⅱ）』日本経済新聞社

ローザー, M. & シュック，J. 著，成沢俊子訳（2001）『トヨタ生産方式にもとづく「モノ」と「情報」の流れ図で現場の見方を変えよう!!』日刊工業新聞社

ローザー, M. 著，稲垣公夫訳（2016）『トヨタのカタ─驚異の業績を支える思考と行動のルーティン』日経 BP 社

第6章 部品サプライヤーの移転比較調査

6-1 対象企業

リーン生産方式の移転を具体的に調査するために，ブラジルの日系部品サプライヤーと欧米系メーカーとサプライヤーとを訪問調査した。日系部品メーカーは主にトヨタ系とホンダ系の部品メーカーで，1990年代後半以降の設立である。ブラジルでは若い会社が大部分を占めており，これらの新しい部品メーカーはサンパウロの北西に100 km近く離れた地域への立地が主である。

欧米系部品メーカーと組立メーカーは自動車産業発祥の地，サンパウロ市の東側にあるいわゆるABC地域に立地する会社が多い。ABC地域とは，サン・アンドレス（A），サン・ベルナンド（B），サン・カルロス（C）のことであり，地域の頭文字をとってABC地域と呼ばれることが多い。この地域は自動車産業集積地で歴史的に戦闘的で強い労働組合が多い。新規参入企業はこの影響を嫌ってサンパウロの北西100 kmの地域に進出したといわれる。欧米系企業は設立年度が古く（1950年代以降），ブラジルで長い歴史をもっている。これらの会社は，もともとABC地域を発祥とし他の地域へと発展している。GM，Ford，VW，Mercedes-Benzはその典型といえる。

以下，筆者の調査研究ノートの記録に基づいて記述したが，筆者の理解の不足や間違いがあったらご容赦願いたい。

6-1-1　日系部品メーカー

まず，調査対象となった日系企業から始めよう。全部で9社である（図表6-1）。

これらの企業の概観を訪問時の印象も含め記述しておこう。

1）ホンダ・ロック社

ホンダの資本の入る部品企業で，主にドアミラー，ドアハンドル，キーセットを製造している。日本に出稼に来ていた日系人の人たちに，5Sやカイゼンの教育をしてブラジル工場のリーダーとして活躍してもらっている。知の横展開については，日本の製造担当者とのテレビ会議や小集団活動の世界大会への参加を通して行われている。テレビ会議は，時差の関係でブラジル人に参加してもらうことは難しいとのことであった。技術情報は日本に蓄積があるためこのコンタクトは重要であるが，ブラジル人がなかなか参加できないところにジレンマがある。この会社は，塗装とメッキの自動ラインをもっている。ブラジルでは，この外観品質に直接影響する塗装とメッキを高品質で行える会社が極めて少なく，このラインはブラジルでは大きな競争力になっている。今後は系列を越えて他の日系企業へも部品を供給する契約ができているとのことであった。毎朝7時30分から全員で日本のラジオ体操

図表6-1　訪問した日系部品メーカー

企業名	製品	所在地	社員数	設立年
ホンダ・ロック	ドアミラー，ドアハンドル，キーセット等	サンパウロ近郊	160名	2005年
Yutaka	排気システム等	サンパウロ近郊	88名	
G-KT	シャーシープレス部品等	サンパウロ近郊	607名	1996年
ミツバ	ワイパーシステム等	サンパウロ近郊	57名	2002年
TS TECH	シートシステム等	サンパウロ近郊	400名	
JTEKT	ステアリング関連	クリチバ近郊	500名	2014年
アイシンG	シート，ドアロック，ドアフレーム	サンパウロ近郊	650名	2013年
東海理化	ドアミラー，装飾品等	サンパウロ近郊	200名	2001年
関自工	プレス，溶接部品等	サンパウロ近郊	750名	2006年

出典：筆者作成

をしているとのこと。製品設計段階でブラジルの法規制を精査し，他の国では必要でもブラジルで不要なもの（例えばハンドルロック）は省略するなど，部品の現地化に努力しているとのことである。

2）Yutaka 社

日本では，駆動系（トルクコンバーターなど），排気系，制御系（ブレーキディスクなど）を製造しているが，ブラジル工場は2002年創業で主に排気触媒コンバーター・システムの製造を中心にしている。調査の説明会議には，日本人スタッフ以外にブラジル人スタッフも4名参加し，熱心な討議がなされた。まだ規模は小さいが，これから発展するチャンスが大きいという印象をもった。さまざまな委員会を組織し運営しており，工場は小ぶりであるが良く整理されたレイアウトで仕事をしていた。排気ガス漏れを水槽でテストする装置などが稼働していた。

3）G-KT 社

シャーシープレス部関係の加工を担当している。当時案内していただいた社長は以前に5年ブラジルに勤務し，今回は2回めの5年滞在とのこと。そのためポルトガル語が堪能で社員とのコミュニケーションも良く，関係は極めて良いように感じた。社長は，ブラジルでリーン生産方式が必要な理由として，①設備を外国から輸入すると関税が高く約2倍の価格になってしまうこと，②設備投資への金利が極めて高く15%近いこと，③労務費が極めて高いこと，の3点を挙げた（これらはすべて第2章2–2で記述したブラジル・コストの一部）。金型製造の現地化にトライし，多少問題はあるが実現に向けて継続中とのことであった。1500トンプレスの金型交換は，現在シングル段取りとのことで着実に成果を挙げている。活動目標は，方針管理で展開され，それらが定期的に本社に報告され評価されているということであった。小集団活動も活発なようで，この工場内で優勝したチームは北米大会でも勝ち，日本の大会に参加したとのことであった。日本大会で発表して世界一になろうという挑戦の意識が旺盛である。現場スタッフへの教育も社長が自らスライドを作って行い，現場とのコミュニケーションも良好の印象であった。

4）ミツバ社

ミツバは二輪電装部品と四輪電装部品の製造を行っており，二輪電装部品はブラジルのマナウスに2002年に設立，本工場は四輪用の工場で2010年9月に設立された若い工場である。主にワイパーシステムの製造を担当している。日本に来ていた日系ブラジル人を総合的に教育・訓練した後にブラジルへ戻し，いまはブラジル工場でリーダーとして現場で活躍している。数量が未だ十分でないため，モーター類は海外からの輸入に頼っているとのことであった。日本の本社工場で生産設備は用意されテスト後にブラジルに設置されるが，数量が予定数に達しないときは現地でそれなりの対応が必要になる。主な顧客である日系H社以外に，米系G社，日系N社へも納入しており，いわゆる日本的な系列はブラジルでは変化する。顧客OEMによる定期的な品質管理体制，財務状況評価で他のサプライヤーと比較され，また表彰されるため，それが競争力向上の大きなモチベーションになっているとのことであった。

5）TS TECH社

シートやドアの内側部品の，縫製，樹脂成型，プレス，溶接のすべての種類を含む作業をしている。製品が大きくかさばるために現地生産は必須とのことであった。工場はサンパウロ市から約2時間30分の距離にある農業地帯に立地している。労賃はサンパウロ市内の約半分ほどであり，労働集約的作業の多いこの業界では労賃の影響が大きいとのことであった。さらに，近くに製造業がないため離職率が極端に低いという。競合企業は，ジョンソンコントロールのシート部門とのことである。日本から派遣された専門家が数名駐在し，生産技術の移転に従事している。我々との会議にはこれらの日本人駐在員以外にブラジル人リーダークラスの数名が参加した。日系ブラジル人は参加しておらず，部門間のコミュニケーションを取るのがなかなか難しいという話があった。

6）JTEKT社

ステアリング関連部品の製造をしているJTEKT社はサンパウロではなく，クリチバ市（サンパウロから南に約400 kmのパラナ州）の工場団地で操業をしている。ブラジル人ユーザーは，振動と騒音に敏感でこれらについてクレームが来ることがあるとのことであった。そのため，ギアの硬さの調整が難しく，不良品が出ないような工夫が必要とのことである。現場の人事制度は，職能制度（skill-based）に近く，数十人のワーカーをチームリーダーが管理し，数人のチームリーダーをスーパーバイザーが管理し，数人のスーパーバイザーをマネジャーが管理する体制である。順次スキルの向上と管理力で選択され昇進する方式である。KPIが整備され，定期的に日本の本社に世界中の子会社のデータが集められ評価される。これらの結果は一部管理職の人事考課にも適用されるとのことであった。現地法人の社長はフランス人でいろいろと丁寧に説明してくれた。

7）アイシン・グループ

シート，ドアロック，ドアフレームの製造をしており，当時はものづくり改革を実施中であった。製品が完成するまでの作業を要素作業レベルまで分解し，その所要時間をグループ内他社と比べることで競争力を高める活動をしていた。この方法は従業員にIE教育をする上でも極めて有効な方法と思われる。理論中心で教育するのではなく，自分の仕事に直結し他社と比べながら要素動作の時間を測定し学ぶ。現場での問題発生から，朝礼での共有化，カイゼン，結果の共有のサイクルが明確で確実に実践されている。この問題発生から情報の共有，解決，標準の改定，歯止め，横展開のルーチンがしっかりと構築されている点が印象として残った。現場で問題を話し合い，解決するミーティングに工場長など日本人スタッフも積極的に参加し，一体となった問題解決を実施していた。

8）東海理化社

前回は2015年に訪問し，今回2017年に訪問したが，その間で売上高は1.5倍に拡張したとのことである。ドアミラー，装飾品等を製造している。

高性能の自動メッキラインが２セット稼働している。ブラジルでは高品質のメッキができる企業が他に存在しないため，日系，欧米系からも引き合いが多いとのこと。外観品質に厳しい日系企業に系列を越えて重宝されているようである。中間倉庫の２階には，大部屋が設置され，新製品開発スケジュールの見える化，カイゼンの進捗の見える化が行われていた。社長は常に問題は現場に出かけて解決することと心掛け，これにより工場全体に現地現物の思想を徹底しているとのことであった。装飾品用メッキラインなど他社に存在しない設備装置をもつ企業は極めて強いと改めて感じた。

9）関自工社

日本の親会社はトヨタ自動車東日本株式会社と名称を変えているが，ブラジルでは昔のままの関自工の名称を使っている。理由は，トヨタの名前を付けると労組からトヨタ並みの賃金を要求されるからという話も聞いたが，本当のところは分からない。

一時，社員の離職の多さに悩んだ時期もあったが，家族も参加できるオープンハウスや交流サッカー，地域とのイベントなど福利厚生に努め，今では離職率は数パーセント以下に安定しているとのことであった。このことは，海外進出ではまずは現地の人々とのコミュニケーションの確立が大切であることを教えてくれる。

問題解決をするときには，グループごとに横に並べて進捗を表示しながら進めると互いに競争心が出て皆頑張るとのことであった。購買，サプライヤー指導など日系ブラジル人スタッフの活躍が目立った。

これらの９社の日系部品メーカーは，日系の組立メーカーの業績が好調のため，各社とも増産を継続しているが，まだ市場シェアが低いため，量の不足に苦労しているようである。

6-1-2　欧米系部品メーカーと組立メーカー

次に，欧米系部品メーカーおよび組立メーカーの訪問企業について紹介したい。訪問先は，部品メーカー７社と組立メーカー４社である（図表6-

図表 6-2　訪問した欧米系部品メーカーおよび組立メーカー

企業名	製品	所在地	社員数	設立年
Johnson Controls	バッテリー等	サンパウロ近郊	500 名	
Eaton	トラック用油圧機器，フィルター類等	サンパウロ近郊		
Meritor	アクスル，ブレーキ関連	サンパウロ近郊		1956 年
Continental	メーター機器類等	サンパウロ近郊	650 名	
Wabco	ブレーキユニット関連	サンパウロ近郊	340 名	
Bosch	インジェクションノズル等	クリチバ		
Lear	シートシステム等	サンパウロ近郊		
VW	小型乗用車	サンパウロ近郊		1959 年
Mercedes-Benz	商用車	サンパウロ近郊		
Fiat	小型乗用車	ベチン		
Iveco	商用車	セッチラゴアス	500 名	

出典：筆者作成

2)。今回，Fiat グループ（FCA）の Fiat 乗用車組立工場とトラック部門である Iveco の組み立て工場を訪問できたことは極めて幸運であり価値がある。工場はサンパウロから北に約 600 km のベチン市（ミナスジェライス州）にあり，これまで日本の研究者が訪問したことがない。

1）Johnson Controls 社

ブラジルでは，3つの大きな部門をもっている。ひとつは空調関係（HVAC）機器の製造，2つめはバッテリーの製造である。そして，最後がシートシステムの製造である。今回訪問調査したのは，バッテリー部門である。

Johnson Controls では，米国本社が中心となってリーン生産方式の移転プログラムを開発し（JCMS Assessment と呼ばれるプログラム），全世界工場を対象にその普及に努めている。このプログラムは，Fiat グループ（FCA）が普及に努めている，ワールド・クラス・マニュファクチャリング（World Class Manufacturing：WCM）の内容と極めて類似しているように見えた。9つの柱をもち，5段階の成熟度をもつ精緻なプログラムである。各柱と成熟度の交差点ごとに，それを達成するために必要な条件が2～3あり，それを達成したと考えられるときは，そのエビデンス（証拠）を記入するとのことであった。この達成したかしないかの評価は，認定資格をもつ外部者が行う。このプログラムはすべてコンピュータ化しており，5つの言語に即座に対応できるとのことであった。米国本社のCEOは，“Operational Capability Number One”（製造能力世界一）を目指して，率先して推進しているとのことである。このようにシステム化され，5つの言語に即座に適用するプログラムによって，今後M&Aが実施され企業文化の違う会社と一緒になったとき，グループごとに，素早く統合できることが期待されているとのことであった。このようなグローバル戦略をもったリーン生産方式の移転は極めて興味深いものである。

2）Eaton社

トラック用の油圧機器やフィルター類の製造をしている歴史の古い会社である。米国本社のイニシアティブのもと，リーン生産方式をグローバルに推進している。推進する理由には，リーン生産方式の実践度と株価には相関関係があるとのRansom（2009）の論文があり，EatonのCEOが“We want to be the best manufacturing company on the planet”（この地球上で一番優れた製造会社になりたい）という標語を掲げ，トップダウンで推進しているとのこと。そのため，労働組合との関係にも気を使って全社的に推進中とのことである。

別途，Eatonで推進中のIC（improvement culture）運動について説明してくれた。興味深かった点は，リーン生産方式には2つの側面があるとして，第1は「見えやすい」部分で，QCDのカイゼンを可能にするツールや技法。第2は「見えにくい」部分で，リーン生産方式の考え方や行動を実現するルーチン（型）の部分。この第2の部分を強化することがICの実現に必要だとの点であった。社内で，その段階ごとにYellow Belt（黄色帯），Green Belt（緑帯），Black Belt（黒帯）を認定し，活動を推進している。

3）Meritor社

アクスルやブレーキ関連の部品を製造している米国系のメーカーである。過去3年（2013年から2016年）で仕事量が30％近く落ちて，人員の削減，コストの削減が第1目標になっているようである。そのため，トップダウンの強力なコスト削減が中心になっている印象を受けた。現場見学を案内してくれた担当者が，自社のリーン生産方式の実践度について極めてよく理解しており，項目ごとに即座に1～6の評価をしたのには驚いた。

毎日行われる朝礼の各担当者の立つべき場所が○で表示され，出欠がすぐに分かるようになっていた。その後，現場ウオーク（巡回）をするとのことであった。

4）Continental社

事業は創業時，タイヤ事業からスタートし，エレクトロニクス，パワートレイン，シャーシーとセーフティー，ロボットなどに拡大してきた。工場ではメーター類，ダッシュボードを製造している。過去3年の業績の落ち込みで社員は30%近く減少した。バランス・スコアカードの4要素から方針管理の項目展開をしているとのことであった。工場長は3年前に外部から採用されたとのことで，リーン生産方式の移転に極めて熱心である。それまでは内部昇進型であり外部からの採用は珍しいとのこと。内部昇進のみであると新しい考えが入らず，革新ができないとの悩みがあったとのことである。工場内にはところどころにカイゼンコーナーがありKPIの経過グラフが貼られ，ミーティングができるようになっていた。毎日時間単位で，午前は何時に朝礼をして問題共有をし，その後，話し合い，解決，午後は何時からどのような活動をするかをルーチン化する時間割をもっていて，活動が忘れられないような工夫をしていた。

5）Wabco社

トラック用のブレーキユニットを製造している。数年前に全体のレイアウトを流れに沿った形に大幅に変更し，仕掛在庫の減少に努めているとのことであった。トップが米国株式市場（NASDAQ）において在庫の回転率が株価に大きく影響すると認識し，リーン生産方式の浸透に熱心である。提案制度は，現場作業員が組合に不満を持ち込む前に会社側が正式に対応ができる仕組みとして，極めて重要とのことであった。2012年にストライキがあり，操業が約30日間止まり大きな損害を受けた。その反省から組合に対する対応を改善した。また，人事制度を内部昇進型に変えたとのことであった。彼らの話ではブラジル人がリーン生産方式を学ぶときに重要なことは「ディシプリン（規律）」である，日本人は規律を守りうらやましいと言っていた。リーン生産方式の効果で在庫が減り，倉庫内にスペースができたとき，物を置かないようにプラスチックのチェーンで囲んで分かるようにしている。新工程を設計するときは，段ボールでまずモック（原寸大の模型）を作り，作業性や他の社員との作業の取り合いをシミュレーションしているとのことで，現場にその模型があった。あるドイツ系メーカーのサプライヤー指導担当者の話では，Wabco はリーン生産方式の移転が最も成功している企業であるとのことであった。

6）Bosch 社

サンパウロから南に 400 km 離れた，クリチバ市（パラナ州）の工業団地に立地している。訪問したのは，ジーゼル・インジェクター，ユニットポンプ，インジェクター・ユニット，そしてノズル製造の工場である。リーン生産方式の推進事務局は BPS（Bosch Production System）と呼ばれ，工場長直結の組織で現在 4 名のスタッフが働いている。対応してくれたスタッフは，全国産業職業訓練機関（SENAI）出身者で機械のオペレーターから始まり，徐々に昇進し，スーパーバイザーとなり，その間，夜間大学に 4 年通いエンジニアの資格を取り，その後，中国工場で 4 年間ノズル生産の技術移転を任され完了，その後ブラジルに戻りリーン生産方式の推進事務局で働いている。社内の各部署を広くジョブローテーションしながら進み，職能制に近い経歴をもつ。就業中に夜間で大学資格や大学院資格，専門性を高めるコースを取ることでキャリアをアップすることは日本以外ではよく行われる。これはやはり仕事が定時に終わるという就業スタイルでないとなかなかできないことである。リーン生産方式導入の考え方は日本によく似ていて，一個流しを実現することに力を入れていた。Industry 4.0 の導入の件で本社からの要請があり，RFIR を活用してモノの流れを自動でモニターすることや，設備にセンサーを付けて保守に役立てる方法の試験を始めている。設備が古いためこれらのセンサー付けが難しいのが問題ということであった。

7）Lear 社

Fiat（FCA）にシートシステムを納入するためにFCAの工場のすぐ近くに立地している。日系のTS TECHと同様な製品を製造しているが，プレス品や金属骨格はサンパウロ近郊の工場から搬入している。繊維製品，プラスチック部品は隣の建屋で製造し，Learではこれらの組み立てを中心に作業している。3ラインあり，1時間ごとの作業交代のとき，「頑張って良い製品を作ろう！」という掛け声を班長が大声でかけていた。ちょっと日本的な感じがして面白かった。ビデオシステムを使ったポカヨケを組立作業に導入している。組立部品が誤った位置に付けられると警報が出て，次工程に進めない仕組みであった。FiatのWorld Class Manufacturing（WCM）をサプライヤーに導入する計画があり，当時は導入準備中であった。OEMサイドから新モデルが提示されると，サプライヤー側から作りやすさやコストの面から改善点を提案できるとの話であった。

8）VW 社

乗用車の生産では最も古い会社のひとつである。数年前に社長が交代し，かなりコスト削減のプレッシャーが強いとのことである。現場作業員の削減や，班長の削減，カイゼンチームの解散，小集団活動の中止など一連のコスト削減対策がなされたようである。リーン生産方式の目的のひとつである品質の作り込みはかなり難しいのではと推察される。自動化，例えば溶接のロボット化に積極的である。部品コスト削減のためのサプライヤーとの厳しい交渉などがあり，一時部品の供給がストップしたことなどいくつかの問題が発生しているようである。原価削減担当者からサプライヤーとの関係についての悩みも一部聞かされた。当面，リーン生産方式移転へ逆風が吹いている印象をもった。他方，MQB（モジュラー・アーキテクチャー）用ライン整備への投資など積極的な施策も発表されている。必ずしもリーン生産方式ではない方法，例えばデジタル化や自動化などの方法で生産性を向上しようとしているのかも知れない。

9）Mercedes-Benz社

ブラジルで最初に自動車組立工場を開設した名門である。乗用車に関しては組立工場建設のプロジェクトがあり土地の取得は終わっているが，2013年以降の不況で建設は開始していない。今回訪れたのはトラック工場である。リーン生産方式の推進母体であるリーン・オフィス（推進事務局）があり，5名が専従で活動している。2017年からその内3名が現場出身者になり，現場とのコミュニケーションは格段に向上し，信頼関係も醸成されているとのことである。今回の不況で社員を30%から40%削減したとのことであるが，現場の雰囲気は悪くなかった。カイゼンを3つのレベルに分けて考えている。一番上のレベルはExpert Projectと呼ばれ約3カ月かけて行うもの。次が約1週間程度の活動のもの，そして，最後がQuick Winsと呼ばれる現場の人が短時間で行うものである。2017年は，3つのそれぞれの取り組み件数は，28件，282件，1万件と年ごとに急増中であるとのことであった。組立現場にはVSM（value stream map）の分析が行われた図が貼ってあり，流れのカイゼンに努めている。

社員のモチベーションの拠り所について聞いたところ，「ベンツは世界の見本にならねばならないという誇り」とのことであった。さすがMercedes-Benzとの思いをもった。

10）Fiat（FCA）社

サンパウロから北東に600 km離れた，ミナス・ジェライス州の州都，ベロホリゾンテ市から10 kmのベチン市に立地している。ベチン市にはFCAおよび，関連部品サプライヤーが集中し，あたかもトヨタの立地する名古屋周辺のような印象である。ブラジルのFCAは本国のイタリアより生産量が多いということで開発拠点をもっている。FCA全体，つまり，米国の元クライスラー工場，イタリア工場，そしてブラジル工場全体で，リーン生産方式のシステムであるWCMを採用し実践に努めているとの説明があった。詳細は機密事項とのことで不明な点も多いが，Johnson Controlsで採用しているシステムと類似する点が多いという印象を得た。このシステムは次の10個が柱となっている，① Safety & Health（安全と健康），② Cost Deployment

（コスト展開），③ Focused Improvement（集中的カイゼン），④ Autonomous Activities（自主的活動），⑤ Professional Maintenance（プロフェショナル・メンテナンス），⑥ Quality Control（品質管理）⑦ Logistics（ロジスティクス），⑧ Early Equipment（早期対応の機器管理），⑨ People Development（人材開発），⑩ Environment（環境）。そして，5段階の成熟度が組み合わさっている点でも，Johnson Controlsの採用しているシステムに類似している。現場訪問は，プレス部門，溶接部門，組立部門を見学することができた。

11）Iveco社

FCAのトラック製造会社であり，工場はベチン市から北に30 kmの位置にあった。製造能力は年間4万5000台ということであったが，不況の影響で現在は約半分の2万4000台の生産にとどまっている。FCAの一環としてWCMの導入をしている。当工場はトラックの他に，商用車，軍用車，農業車など幅広いレパートリーの生産をしており，典型的な多品種少量生産の工場である。但し，スタンピング部品は外注か，イタリアから輸入しているとのことであった。

リーン生産方式の実践度は，グループ内でトップクラスとのことである。ミーティング用の丸テーブルの上面がPDCAの4つに分けて書かれていたのは面白いと思った。

6-2　調査票

これらの企業訪問にあたり，調査質問票を作成した。コミュニケーション理論の影響要因（モチベーション，教育・訓練，経営方針・制度，メンタリティ，知識としてのリーン・ルーチン）を分析し，図表6-3に示したように，そこから全部で36項目の質問へ展開した。

モチベーション要因を調べるために，QCサークル活動，提案制度，カイ

図表 6-3　質問項目の作成

要因	質問項目	数
モチベーション	QC サークル活動，提案制度，カイゼン結果の発表，福利厚生活動，トップマネジメントの情熱，推進委員会，定期的ミーティング	7
経営方針と制度	方針管理，KPI 測定と結果の公表，原価管理，職能資格制，多能工化	5
教育・訓練	TQC/TQM 教育，TPM 教育，IE 教育，OJT	4
マインド・セット	ビジョン・ミッション・バリュー，挑戦，失敗から学ぶ，自主性，現地現物，チームワーク	6
知識としてのリーン・ルーチン	JIT：プル方式，流れ方式の人と機械の配置，タクトタイム適用，平準化 自働化：不具合時の機械の自動停止，問題の見える化，アンドン，自工程完結品質管理，ポカヨケ 全般：PDCA サイクル，カイゼン，標準の見直し，5 S，QC 7 つ道具	14

出典：筆者作成

ゼン結果の発表，福利厚生活動，トップマネジメントの情熱，推進委員会の活動，定期的ミーティングの 7 項目を使用する。

経営方針・制度のフォーマル・チャネルを調べるために，方針管理，KPI 測定と結果の公表，原価管理，職能資格制と多能工化の 5 質問とした。

吸収能力要因に影響する教育・訓練の項目として，TQC/TQM 教育，TPM 教育，IE 教育，そして，OJT の 4 項目。

インフォーマル・チャネルのマインド・セットのインタビューの項目として，ビジョン・ミッション・バリュー，挑戦，失敗から学ぶ，自主性，現地現物，チームワークの 6 つを選んだ。

移転されるべき知識としてのリーン・ルーチンとしては，ジャストイン・タイムの測定にプル方式，流れ方式の人と機械の配置，タクトタイム適用，平準化を，また，自働化としては，機械の自動停止，問題の見える化，アンドン，自工程完結品質管理，ポカヨケ，そして，全般に関するルーチンとしては，PDCA サイクル，カイゼン，標準の見直し，5 S，QC 7 つ道具の全部で 14 質問を活用した。

6-3 アンケート質問票

対象企業に事前に送付したアンケート質問票は全部で，36 項目の質問内容とその内容説明をし，スケール 1（行っていない）〜6（非常に良く実践している）の評価を一緒に行った。質問項目はコミュニケーションを良くするためにポルトガル語で記述した。

図表 6-4 は 36 項目の質問票の一部である。左欄に質問のタイトル，そしてその下に，簡単な内容の説明，そして，右欄に 1〜6 の評価スケールを付けたものである。

図表 6-4　質問票の一部

1. Missão, Visão e Valores A empresa possui uma filosofia corporativa e a promove entre os funcionários.	1	2	3	4	5	6
2. Treinamento em TQM/TQC Treinamento em Gestão Total da Qualidade e/ou Controle Total da Qualidade	1	2	3	4	5	6
3. Treinamento em TPM Manutenção Produtiva Total para organizar a manutençãc das instalações e melhoria do trabalho.	1	2	3	4	5	6
4. Ciclo P-D-C-A Ciclo Planejar-Fazer-Verificar-Agir. Também conhecido como ciclo de Deming	1	2	3	4	5	6
5. Hoshin Kanri（Desdobramento de metas） Sistema de desdo bramento da estratégia de forma Top Down	1	2	3	4	5	6
6. Medição periódicae divulgação de produtividade Produtividade da mão de obra, materiais são medidos e divulgados regularmente	1	2	3	4	5	6
7. Controle e gestão de Custos O custo padrão é estabelecido e sua variabilidade controlada	1	2	3	4	5	6

出典：筆者作成

6-4　まとめ

ブラジル側研究者の支援もあり，全部で20社の企業が調査に協力してくれた。スケジュール上の制約から常に調査時間の不足を感じた。話を聴き始めるとどうしても興味がわき次から次へと話が展開してしまい，個々の質問項目に時間を十分かけられなかったという印象だった。

日系は各社日本人の社長，工場長が対応してくれた。ほぼ4～5年でローテーションする体制である。生活はインドなどに比べれば住みやすいという声が多かった。ただ，市場占有率が一般に低いため，生産量の低さが生産性向上の大きなネックになっている。日系ブラジル人が活躍していることもブラジルならではの状況である。

欧米企業の経営者の人々はリーン生産方式の移転を株価との相関関係で理解しているトップが多かった。そのため大規模なプログラム（WCMやJCMS Assessment）をグループ全体で採用し実践している企業やトップダウンで進める企業が目立った。また，現場での経験をもつ人を推進事務局に抜擢するなど，リーン生産方式移転への体制が数年前に比べかなり改善したという印象をもった。

日系，欧米系各社とも，異国での他社との競争と，同一グループ内の他社との競争に日々気を抜けぬ厳しい状況で努力している姿が印象に残った。

参考文献：

Ransom, C. F. Ⅱ（2009）. *Time to Move from Tools to Culture? (Have We All Failed?)*, Cliff @Ransom Research. com.

第7章 調査結果の分析

7-1 調査結果のまとめ

インタビューおよび各項目の評価結果を全体としてまとめ，図表7-1の結果を得た。以下の「高い」「低い」「あまり変わらない」の判断は，インタビュー結果とアンケートの評価結果から行った。統計的有意性は，サンプル数の不足から得ることはできなかったが，インタビューと調査票への回答の結果から，以下の3点が明確に浮かびあがった（図表7-1中に楕円で示した3点参照）。

図表7-1　結果のまとめ

移転要因	T 1		OEM
	日系	欧米系	
人（モチベーション） ①			②
フォーマル（方針・制度）			
教育・訓練			
インフォーマル（マインド・セット）			
リーン生産方式知識		③	
競争力（QCDF）			

■高い　■低い　■あまり変わらない

出典：筆者作成

第1点は，日系企業は欧米系企業に比べ，より「人（モチベーション）」中心による移転をしていること。第2点は，欧米企業は日系企業に比べ，より「フォーマル・チャネル（方針・制度）」に依存した方法で移転をしていること。第3点は，日系企業は欧米系企業に比べ，より「リーン生産方式知識」を実践していることである。

ここから，この3点について詳しく述べていく。

1）より人（モチベーション）による移転を図る日系企業

図表7-2に示したように日本にある本社が，ブラジルに赴任する社長，工場長，エキスパートを選定し派遣する。これらの派遣者は一般的に3～5年のサイクルで日本に戻り，新たな人が派遣される。彼らは，リーン生産方式の熟練者であり，日本または他の工場で少なくとも10～20年以上の経験をもつ者が多い。日本の工場で開発された新しいノウハウや技法は，常にこれらの赴任者を通してブラジルへ移転され続ける。適時メールやビデオ会議での移転も常時行われている。これらのノウハウは，これらの赴任者または日系ブラジル人を通して日系以外のブラジル人作業者に伝えられる。

図表7-2　日系と欧米系のリーン生産方式移転の経路

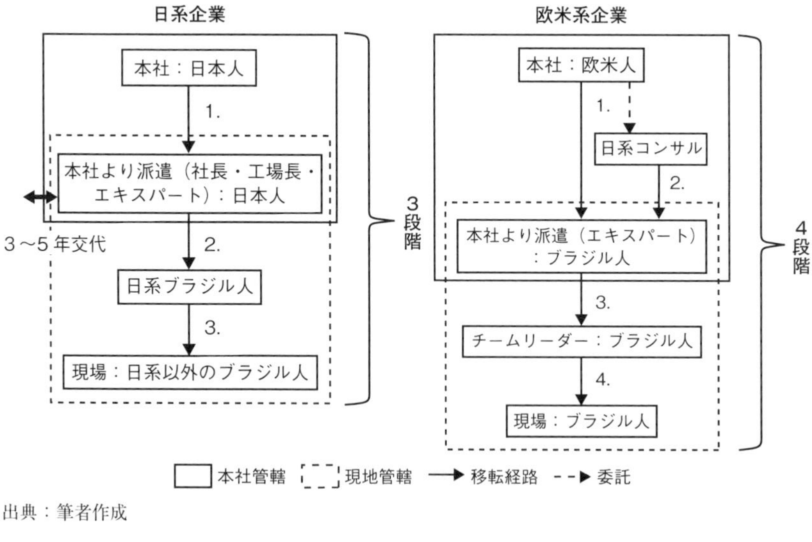

出典：筆者作成

これらの日系ブラジル人は多くの場合，日本で採用され，トレーニングされてからブラジル工場へ戻された人々である。彼らは，日本語を理解し話すことができる。そして日本人のメンタリティもある程度理解する。つまりコンテクストを共有しているといえる。当然ポルトガル語も自由に話すことができるし，ブラジルのメンタリティも理解している人々である。これらの人々が日本人駐在社員とブラジル人作業員の間に入りリーン生産方式のノウハウを翻訳し移転していることになる。

日系以外のブラジル人作業員は，日系ブラジル人という人々を介して，母国語でリーン生産方式を学ぶことができる。つまり，日本の本社に蓄積されたリーン生産方式のノウハウは，日本人赴任者→日系ブラジル人→日系以外のブラジル人へというように人から人へOJT移転される構造ができていることになる。そして，日本人赴任者が3～5年で交代することで，ほぼ最新のノウハウを受け続けることができる。一方，常に数名の日本人赴任者を現地に派遣する高価な投資を必要としていることと，現地ブラジル人が管理職になる枠を狭めているというマイナス面もある。

2）「フォーマル・チャネル（方針・制度）」により依存した移転を図る欧米系企業

欧米系企業の場合のリーン生産方式の移転の流れを分析してみると，もともと欧米系企業にはリーン生産方式のノウハウはなかったため，一般的には日系のコンサルタントと契約することが多い。今回訪問したMercedes-Benzも日系のコンサルと契約していた。このコンサルタントから学ぶグループが本社に設置され，その企業用のリーン生産方式のノウハウ展開の計画が練られる。

この計画に沿って育成されたエキスパートが海外工場に派遣され，現地の受け手組織にノウハウを移転する。ブラジル工場であれば，基本的にはブラジル人のエキスパートが育成され，この人たちが中心となりチームリーダーを育て，現場の作業員に教えるという経路を辿る（図表7-2）。そのような経路での人から人へのノウハウの移転は相当の困難度を伴うことになり，そこで方針や制度という，より形式知化した移転方法が補足的に必要になった。最も一般的なやり方は方針管理による目標の展開とKPIと呼ばれる重要管理指標を設定し，主に「結果」を管理することが中心になる。この項目は，安全，品質，納期，コストなどが使われる。

今回の調査で，「方針・制度」の典型と思われるケースに巡り合うことができた。FCAを訪問したときに，WCMを導入してリーン生産方式の移転を行っていることを発見したのである。調査中は，このプログラムの内容については極秘事項で話すことはできないといわれた。日本ではこのシステムについてはほとんど知られていない。京都大学の名誉教授であるDr. Yamashinaがシステム構築に関与し，普及に努めているとの話を聞いたが，詳細はベールに包まれていてよく分からない。しかし，インターネット上に一部の情報が出ていたので内容を紹介する（図表7-3）。

Technical Pillarと呼ばれる10本の業務別の柱があり，その柱ごとに5段階の成熟度が評価できるようにプログラム化されている。その10本とは，①Safety and Health（安全と健康），②Cost Deployment（コスト展　開），③Focused Improvement（集中したカイゼン），④Autonomous Activity（自主活動），⑤Professional Maintenance（プロフェッショナル・メンテナンス），⑥Quality Control（品質管理），⑦Logistics（ロジスティックス），⑧Early Equipment Manegement（早期対応の機器管理），⑨People Divelop-

図表7-3　World Class Manufacturingのコンセプト

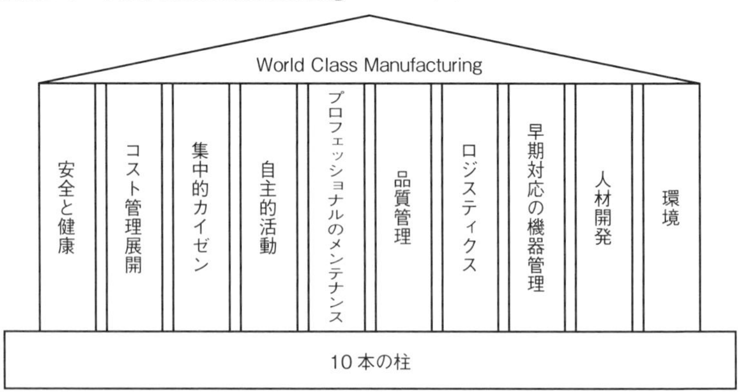

出典：https://www.gzs.si/Portals/183/vsebine/dokumenti/Radovan%20 Vitkovi%C 4%87%20-%20 World%20 Class%20 Manufacturing.pdfをもとに筆者作成

図表 7-4　Eaton 社の資料

「私は，株価パフォーマンスと『リーン生産方式』プロセスの実践との間に直接の相関関係があると信じています。

Ransom Research, Inc. の持つ他社と異なる明確な焦点は，『リーン方式』の持つ企業全体活動を変革する力に注目することです。トヨタ方式から発生した『リーン方式』が工場の現場から始まり企業全体を変える素晴らしい力を持っていることに感謝の意を表したいと思います。それは，管理業務，会計，販売とマーケティング，戦略計画，サプライチェーン，新製品開発などを根本から変えました。『個人の尊重』と『継続的ムダの排除』という２つの教えは，伝統的なウォールストリートが理解するジャストインタイムよりもっともっと重要で異なるものです……」

"Time to Move from tools to culture ?"
（ツールから文化への変換の時か？）

Clifford F. Ransom II（2009）

ment（人材開発），⑩ Environment（環境）である。

もうひとつ，「方針・制度」を移転の方法として活用するためにはトップダウンのリーダーシップが必要になる。米国系部品メーカーである Eaton 社を訪問したとき，図表 7-4 のような文献を入手した。株価のパーフォーマンスとリーン生産方式活動の実践が相関関係にあるという認識である。トップマネジメントにとって最も重要な関心事は，まさに株価である。こうした文脈の中で，リーン生産方式の移転が極めて重要となりトップマネジメントの関心事となる企業が増えている。

3）欧米系企業に比べ，より「リーン生産方式の知識」を実践している日系企業

「リーン生産方式の知識」とは何かという答えは，「流れ」と「品質」にあるということに尽きることがトヨタのホームページから理解される。

図表 7-5 はモノと情報の流れ図であるが，原材料が左側から投入され，各工程を通って右方向へ送られて順次加工され，一番右側で完成品になり，それが顧客に出荷される。ここで留意すべきは，第１に，この流れの整流化が必要であることであり，次に，不良品を決して次工程に流さないという品質管理が大切となることである。この「流れ」と「品質」とは，トヨタのいうところの「JIT」と「自働化」ということである。

図表 7-5　モノの流れと不良品を後工程に流さないリーン生産方式の知識

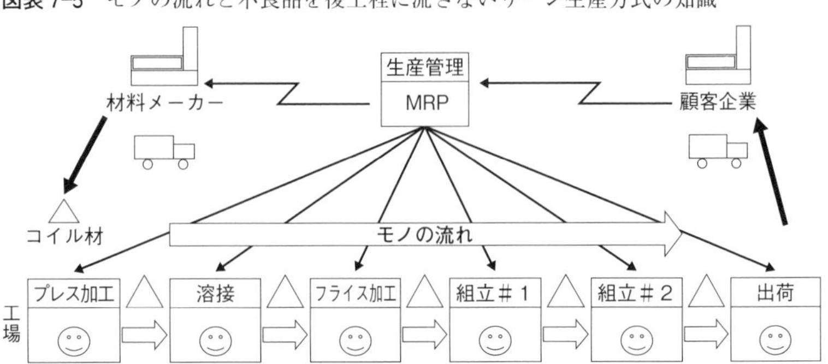

出典：ローザー＆シュック（2001）の図に筆者が一部加筆

7-2　促進要因の質問項目に対する結果

7-2-1　モチベーション

モチベーションへの質問項目に対する各社の回答中の印象を記述する。

・**QC サークル**：欧米系企業での実施率は低い。日系企業でも組合との関係もあり，あくまで任意の形で進めているという会社があった。当然のことながら時間外で活動を行った場合は，賃金を支払う。作業員レベルを QC サークルに巻き込み組織的に運用することは，ブラジルの教育レベル，転職率を考えると容易なことではないとの印象であった。QC サークルはボトムアップの全員参加を実現することやインフォーマル・チームを育てる重要な仕組みである。

・**提案制度**：日系，欧米系企業を問わず，全社実施しているとの回答であった。従業員レベルの参加を促し，全員での活動という意識をもたせるには非常にやりやすく，参加しやすい。多くの会社が，賞金や賞品による報奨制度を組み合わせている。会社によっては，組合対策のひとつとして重要視していた。つまり，問題が組合に持ち込まれ裁判になる前に，課題をとらえて当事者と話し合い，問題が複雑化するのを避けるという意味である。

・**カイゼン結果の発表**：定期的または不定期的に結果の発表の機会を設けている会社がほとんどであった。また，全員の前で行う会社や，そのチーム内で発表する会社，またはそれらの組み合わせで行っている会社がある。この発表による従業員のモチベーションへの影響は大きいと回答した会社が多数にのぼった。つまり１人の作業者が大勢の人の前で自分の成果を発表することは大きなモチベーションになるとのこと。日系企業では，発表の結果がブラジル内で上位であれば次に北米内大会で発表し，そしてそこで上位となれば日本での世界大会へ，という参加の制度をもつ。欧米系企業にはこのような制度をもった会社は存在しなかった。

・**福利厚生**：多数の企業がさまざまなイベントを実施している模様。ブラジルの国民性に合い皆が喜ぶという回答が多い。このような地道な活動は，欠勤率を減らしチームワークを向上させる上で重要と答える企業が多かった。スポーツ大会によるイベントも多い。ブラジル人の好きな，サッカー，ビリヤード，バスケットは企業により対抗戦を定期的に開催している。日系企業の方が熱心であるとの印象をもった。

・**トップマネジメントのコミットメント**：３年近く不況が続く中，欧米系企業ではリーン生産方式は生き残りの重要な戦略として位置付けられ，トップマネジメントのコミットメントはかなり高いという印象を受けた。本社のトップマネジメントがリーダーシップをとり，グローバル全社に号令をかけている場合も多かった。また，株価とリーン生産方式実践度に相関関係があるという研究もあり，トップの関心が高い。それ故に，かなりトップダウンの活動になり，コストダウンに焦点が当たっている。欧米系の工場長や現地社長が，自ら定期的に現場を視察する「現場ウオーク」を実施している。日系企業の工場長は，地味に活動し現場作業員と同じ目線でなじんでいる場合が多い。

・**推進委員会**：欧米系の大手企業では，グローバル本社，現地工場に明確な推進委員会をもっているケースが多く，極めて組織的な活動をしている。カイゼン能力を評価して資格を与える制度を運用している場合もある。過去には，現場をあまり知らないエリート的な社員を委員に抜擢することもあったが，今回の調査では，現場の作業をよく知る人材を登用するケースが多々見られ，現場作業員とのコミュニケーションが向上したという印象を受けた。

・**定期的なミーティング**：訪問した全社が定期的なミーティングを現場で行っていた。複数の機能の組織の人が参加する会社では，ミーティングの場所に，ここは工場長，ここは品質管理，ここは技術の人が立つところと床の上にサークルで示している会社もあった。これにより誰が遅れたか，欠席かがすぐに分かるとのことであった。各社とも10分から30分の時間を割いて，その日の予定数量，欠勤情報，品質課題等を取り上げ共有し，相互の意思の疎通の向上に努めている。

7-2-2　フォーマル・チャネル：方針・制度

フォーマル・チャネルへの質問項目に対する各社の回答について，筆者が感じた印象を記述する。

・**方針管理**：欧米系企業でも方針管理が広く取り入れられていることに驚いた。ほとんどの企業が方針管理を実施している。欧米系は，展開の階層を明確にして，トップから3段階くらいは展開して明示化している。一番上の社長方針のところをビジョン・ミッション・バリューという表現で実施している会社も数社あった。

・**KPI測定と公表**：日系，欧米系を問わず，KPIの設定とその公示はほとんどの会社で実施されている。各社とも，多国籍企業であるため，このKPIを定期的に集計，公示することで競争心を喚起することに役立てているようである。会社によっては，このKPIの達成度を，管理者の人事考課査定のベースにしているところもあった。KPIは非常に客観的で分かりやすい反面，結果主義に陥り，数字を作ろうとする意識が芽生える点は課題である。

・**原価管理**：各社とも原価意識はかなり高い。特に売り上げの落ちている欧米系では，品質よりまず原価低減という意識が非常に強いとの印象をもった。リーン生産方式とは，原価低減に役立つものというとらえ方が強い。これについてもプロセスを良くすることで品質やコストを向上させるのが本来の目的のはずが，結果主義が前面に出すぎている危惧が感じられた。

・**職能制**：日系は日本本社の制度の影響で基本的には職能制という考え方はブラジルでも存在している。もちろん日本と全く同じ適用はできない。欧米系は，一部現場での人事制度が職能制に近いという印象を受けたところが数社あった。これらの企業はすべて，サンパウロ以外の地方（ミネジェライス州のベチン市とパラナ州のクリチバ市）に存在する会社であったのは興味深い。

・**多能工化**：日系，欧米系を問わず現場レベルの多能工化という考え方は理解されてきたように思える。第2章2-3-2で述べたブラジルでの「労働・社会保障手帳」（本書55頁）という，就業した仕事をカテゴリーごとに記録することを義務付けている制度が，広い職種を担当させることを困難にするとの話も聞いた。もう少し広い意味でのジョブローテーションという考え方は職能制の実施も絡み，欧米系では理解されにくい模様である。

7-2-3　教育・訓練

教育・訓練に関する質問項目に対する各社の回答についての印象を記述する。

・**TQC/TQM**：TQMは経営管理手法の一種で，1980年代にTQCをベースに発展した方法であり，企業活動における「品質」全般に対し，その維持・向上を図っていくための考え方，取り組み，手法，仕組み，方法論などの集合体といえる。リーン生産方式のベースになった考え方ともいえる。品質を中心に，全社で教育しているかとの質問に対して，各社ともしているとの回答であった。しかし全員参加とボトムアップ，コストよりまず品質という哲学がどのくらい理解されているかは疑問のあるところである。

・**TPM**：日本で1971年以降正式な形で始められ，比較的新しいため，欧米系の企業の一部ではあまり理解されていない様子である。全員参加のメンテナンスという意味でボトムアップの活動についての理解，実践に関しては，日系企業の間でもかなり差がある印象であった。

・**IE**：インダストリアルエンジニアリングの動作研究，時間研究，工程分析など一部を実施していると答える企業が多かった。欧米系の一部の企業では，作業場のコーナーに明確に場所を設定し，「道場（Dojo）」と名付けて，教育コーナーを設置している企業もあった。この教育コーナーは日系企業よりむしろ欧米系企業に多かった。

・**OJT**：実施しているかという問いに関しては，日系，欧米系とも実施しているとの回答であった。しかし，その内容がどの程度のものかを詳細に聞き出すことはできなかった。OJT という名の教育・訓練ほどその内容に会社ごとに理解のバラツキ，解釈の違いがあるものもないのではないかと思われる。逆にいえばOJT という教育・訓練法のもつ曖昧性ということもできる。

7-2-4　インフォーマル・チャネル：マインド・セット

インフォーマル・チャネルについての質問項目に対する各社の回答についての印象を記述する。このマインド・セットに関してはもともと非常に深い暗黙知であり，短時間のインタビューの中でどの程度理解されたか課題が残る。

・**ビジョン・ミッション・バリュー**：一般的に会社のホームページに表現されているような使われ方をしている会社が多い。一部の企業では，製造に特化した形式で表現し，ゼロ不良，ゼロコスト，一個流しなどを掲げているが，ごく少数である。このビジョン・ミッション・バリューを方針管理の一番上の方針と読み替えているケースも多々あった。

・**挑戦**：高い目標をもって課題にチャレンジするというマインドである。ある日系の会社ではグループ内で世界一になるという明確な目標を掲げ，社員のすべてにチャレンジしようと社長が話していたことを思い出す。この企業は，後日溶接部門で世界一になったそうである。チャレンジ精神がカイゼンを生む原動力である。ただ，コスト削減にチャレンジが集中しているケースも多々観察され，社員に夢を与えているかは疑問である。

・**失敗から学ぶ**：間違いを起こしたことを認め，そこから学ぶ姿勢を聞いた。多くの企業でこのマインド・セットの浸透は難しいという回答であった。ブラジルをはじめとして，植民地支配を経験した国では，間違いを認めることは，ときとして死を意味することもあり簡単なことではない。トップが間違いを認めた人をどのように処遇するか，その実態が最も説得力をもつであろう。何かに挑戦すれば必ず失敗もあり，失敗を認めなければカイゼンはない。

・**自主性**：自主性を強調する企業は日系，欧米系を問わず多かった。このためにはトップダウンの指示・命令を減らし，ボトムアップの管理姿勢が求められる。欧米系は伝統的にトップダウンの明確な指示・命令を好む傾向がある。

・**現地現物**：問題が起きたとき，その発生現場で現状を理解する必要があるという認識はかなりの会社で共有されているようである。しかし，現場作業員と一緒に現状を理解し，問題に対処しているかはなかなか分かりにくいところである。

・**チームワーク**：チームワークにもいろいろ意味があり，どのようにこの言葉を理解するかはかなりバラツキがあると感じた。仲が良い，助け合うという意味もあれば，もっと広い意味で共存共栄という意味もある。今回は，かなり仲が良いというレベルで理解された模様である。

7-2-5　移転される知識それ自体

移転される知識それ自体についての質問項目に対する各社の回答についての印象を記述する。

・**プル方式**：顧客の買った分を後工程が前工程へ取りに行き，その分を前工程が生産するという考え方で，各工程が生産計画の数字を達成するために前後工程の結果に無関係に独自に作り続けるという従来の考え方の反対を意味する。プル方式という考え方は知られているが，欧米系ではあまり実施されていない印象を受けた。

・**流れ方式**：工程配置の流れ化は各社かなり意識して行っている印象であった。工程間の仕掛在庫は一般にかなり多い印象である。一部の会社では，VSM（バリューストリームマップ：モノと情報の流れ図）を使った分析をしてリードタイム，付加価値時間比率を出している企業もあったがごく少数である。段取り時間の短縮に関しては一部の日系企業を除き，あまり成果を見ることはなかった。

・**タクトタイム適用**：タクトタイムを計算し，それを基にラインのバランスをとる活動をしている欧米系企業が少数あった。日系企業においても，タクトタイムをベースにライン編成をしている。まだチョコ停が多くなかなか安定しないという会社もあった。

・**平準化**：多くの欧米系企業で平準化がなかなかできないとの話を聞いた。メーカーからの発注のタイミング，変化の多さ，部品輸入業務が港などで停滞する，通関業務の効率の悪さなどを理由として挙げる企業が多かった。欧米系企業の場合，営業とのコミュニケーションの不足もその大きな原因と考えられる。

・**不具合時の機械自動停止**：ほとんどの企業は自動停止装置をつけているとの回答であった。まだ進行中で現在何パーセントまで完了したという企業もあった。問題があったら自動停止させる重要性は意識していることがうかがえた。

・**問題の見える化**：職場にカイゼンの進捗，KPI，課題のグラフ化は一般的に行われている。アンドンは別の項目として調査しているので，ここではさまざまな結果が社員に分かるように掲示するという意味で調査した。

・**アンドン**：組立メーカーでは大きなアンドンが掲示され警報を発していた。部品メーカーでは，予定数と実績数の表示などの簡単なものが多かった。アンドンが表示されたときに，リーダーなどがどれくらい即時対応し，どのくらい問題解決に結び付いているかは不明であったが，その問題解決のPDCAサイクルを明示化している欧米系企業も数社あった。

・**自工程完結品質管理**：ある日系プレス部品メーカーで加工後，担当の作業員がすぐに自分で作ったワークの寸法を確認し次工程へ送っている現場があった。欧米系企業でも機械加工後作業者が寸法を測定し品質を確認する姿が見られた。一方，全くこのような姿が見られない現場も多数あり，全体としてはまだ比較的新しい考え方という印象を得た。

・**ポカヨケ**：この日本語は驚くほど欧米系企業にも知られていた。欧米系企業のいくつかの会社で，ビデオカメラを使った組立作業の判定を行い，間違いがあった場合は次作業に進めないようにするシステムを導入していた。しかし，簡便なポカヨケはまだ普及していない。

7-3 まとめ

調査結果の大筋は，日系はモチベーション方式，欧米系はシステム方式と大別できるが，もちろん，日系，欧米系といってもバラツキがある。リーン生産方式の特徴である，全員参加でボトムアップによる社員の自主性の発揮という意味では，小集団活動の実践はひとつの重要なリトマス試験紙となりうる。今回の調査で欧米系企業に小集団活動の実施企業が少なかったことは，欧米系企業はどちらかというとトップダウンの原価低減志向と考えることができる。

参考文献：

Ransom, C. F. II（2009）. *Time to Move from Tools to Culture? (Have We All Failed?)*, Cliff @Ransom Research. com.

ローザー, M., & シュック, J. 著，成沢俊子訳（2001）『トヨタ生産方式にもとづく「モノ」と「情報」の流れ図で現場の見方を変えよう !!』日刊工業新聞社

第8章 調査結果の考察と提言

8-1 考察

1）調査結果についての考察

日系の経営は日本本社中心で，エキスパートや経営者が定期的に日本からブラジルへ派遣される。日本にマザー工場があり継続的に新しいノウハウが開発される。エキスパート（コーディネーターを含む）を介して現地に伝達，フォローアップがなされる。「企業は人なり」との共通認識をもつ現地に企業が多い。TQMの原則である品質重視，顧客重視，全員参加の思想がベースになっている。

欧米系にとってリーン生産方式はNIH（Not Invented Here）である。人材が伝統的に流動的であるため人に依存できず，方針・制度の活用が図られている。

「大量生産」から「リーン生産」への組織文化改革が必要であり，それは容易ではない。リーン生産方式の実践度と株価が相関関係にあるという理論が受け入れられている。株価の動向はトップマネジメントの最重要事項であるためトップダウン圧力がかかりやすい。

WCMのような高度に制度化されたシステムを使う企業もある。外部評価者による評価（試験）が行われ，それぞれの成熟度段階の合否が判定される。無理をしてでも合格しようとする誘因が働く可能性があることも想定する必要がある。

日系企業の方がトヨタ生産方式の「流れ」と「品質」の実践度が高い。この結果からいえることは，ブラジルで実践されている生産方式はリーン生産方式を狙ったものであるが，必ずしもリーン生産方式ではないことを意味している。第3章3-3「自動車生産方式の歴史的発展」（本書92頁）で述べたように1900年代に始まったFordによる大量生産方式は，1960年代に実践され始めたトヨタ生産方式（リーン生産方式）にとって代わられ始めたが，欧米のすべての企業が大量生産方式からリーン生産方式に変換したわけではないと思われる。

リーン生産方式の実践のためには，関係部署のチームワークが前提条件となる。このことはIMVPの研究の大量生産とリーン生産の比較の中でも述べられている。職能人事制度をもつ日系企業は，職務人事制度をもつ欧米系企業に比べ人材が長期にわたり同一企業内で勤務することが多い。それ故，社員が共通のコンテクストを醸成することに有利である。

2）研究の目的との関係での考察

①　ブラジルの企業はリーン生産方式を継続的に実践しているのだろうか

欧米系企業もリーン生産方式を継続的に実践はしており，IC（improvement culture）を強調するようになっている。数年前の手法移転中心に比べると真剣であり大きな進歩を遂げている。しかし実践されているものがリー

図表8-1　日系と欧米系企業のリーン生産方式の成熟度

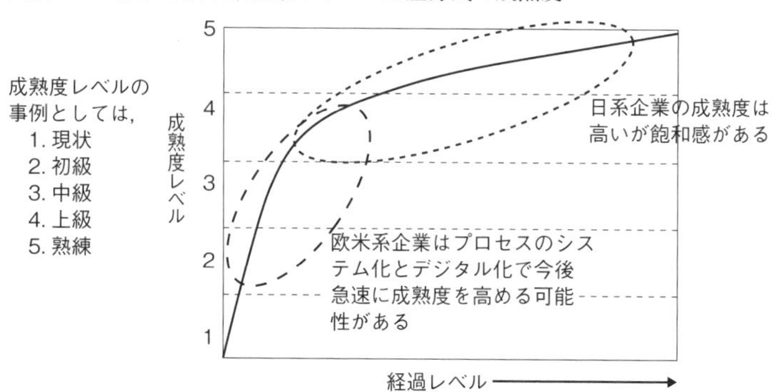

出典：筆者作成

図表8-2　大量生産からリーン生産への組織文化改革

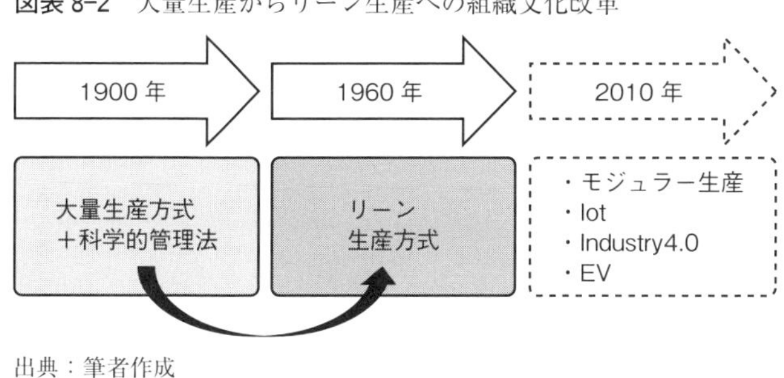

出典：筆者作成

ン生産方式の本質である「流れ」と「品質」を目指すものではなく，大量生産型の原価低減に重点がある企業が見られた。

②　2013年から始まったブラジルの経済危機以降の先行4社のシェアの急落と，日系3社のシェアの急上昇の原因は欧米系と日系企業のリーン生産方式移転方法の違いにあるのか

図表8-1に示すように，日系企業の方が欧米系企業に比べリーン生産方式移転の成熟度が高い可能性がある。2013年以降の市場占有率の変化（欧米系下落，日系上昇）から推測されることは，一部の欧米系企業のリーン生産活動はQCDの向上につながっていないために競争力を失ったのではないか。そのヒントとして，リーン生産方式の能力成熟度というものを考えてみる。能力成熟度とは，組織がプロセスをより適切に管理できるようになることを目的として遵守するべき指針を体系化したもの（Curtis, Hefley, & Miller, 2009）と考える。簡単に表現すれば，初級，中級，上級，熟練という表現になる。

その理由として以下の点が考えられる。

・時間的な違い　日系企業は1960年代にリーン生産方式のベースを確立し，その技能をもって2000年代前後にブラジルに参入した。3～5年ごとに交代する本社からのエキスパートが常に最新の手法を移転する。一方ブラジルで活動する欧米系企業は，1950年代に大量生産方式で参入した。ブラジルでトヨタ生産方式が導入されたのは2010年以降であり，歴史的経験が短い。

・組織文化の違い　欧米系企業は設立当時大量生産方式からスタートしてい

る。大量生産方式からリーン生産方式への転換は組織文化の大改革が必要となる（図表 8-2）。これは必ずしも容易でないことから，欧米系企業の成熟度が日系企業のそれより低いことは十分に考えられる（Gonçalreo, Guimarães, & Bagno, 2014）。

・サプライチェーンの違い　自動車産業のもつサプライチェーンの構造は，OEM が Tier 1 に常にリーン生産方式の実践を要求する。また，グローバル企業のもつグループ内の KPI マネジメントは相互競争を促し，リーン生産方式のレベルの向上を促進する。日系企業のもつサプライチェーンは「見える手」による競争で，欧米系型の「見えざる手」による競争よりも厳しく，それだけリーン生産方式の成熟度が上がる環境がある。これらの諸条件から考えて，日系企業の成熟度が図表 8-1 に示したように欧米系企業より高いと

図表 8-3　現場で見た日系と欧米系企業の労働慣行の違い

三種の神器	幅を広げた解釈	ブラジルの現状
終身雇用	容易に社員を解雇しない経営 解雇に社会的な批判	不況時，**人員解雇は正当な処置**である （過去 3 年 30% 解雇）
年功主義 （昇給，昇進）	ジョブローテーションによる長期にわたる経験を重視する経営	**職務制**人事制度 ジョブローテーションは通常しない
企業内組合	ホワイトカラーとブルーカラーを分断しない経営体制	**全て産業別組合** **労使間で分断が起こる**

出典：筆者作成

図表 8-4　リーン生産方式の構造モデル項目の現場観察結果

リーン生産の目標	日系	欧米系
小ロット流し （段取り替えの速さ，多頻度納品回数）	プレス金型の段取り替，D 社（1.5 min.） 週 2～3 回の納品	**段取り時間は，数時間** **納品頻度も月に数回**
チームワーク ・労使 ・メーカーとサプライヤー ・企業内の異なる部門	日本の親会社の方針と同じ 過去順調に成長し，一度も組織的解雇の経験なし	2014 年 440 万件の労働訴訟係属中 伝統的に労使関係は政治的に**敵対的** 部品サプライヤーとの関係は**敵対的** 過去 2 年間の販売台数急落（30～40%）により 20～40% の**組織的解雇実施**
人事制度 広い範囲の仕事	原則として職能資格制度 広い範囲のジョブローテーション，多能工化	**職務**資格制度 エンジニアと現場作業員のコミュニケーションは稀といえる

出典：筆者作成

考えられる。

・**労働慣行の違い**　日系と欧米系では，第4章4–5「文化論と日本的経営」（本書107頁）で述べた労働慣行の違いがリーン生産方式の実践に大きな影響を与えていると考えられる。つまり，アベグレンの指摘した日本的経営の三種の神器（図表8–3）に代表される点で，日本の長期雇用と欧米の不況時の社員解雇は必要という違い，日本の職能人事制度と欧米の職務人事制度の違い，日本の企業内組合と欧米の産業別組合の違いである。長期雇用は社員と企業との信頼関係を生み，職能制人事制度と企業内組合は，社員の長期育成を可能にし，部門間の相互理解を醸成しチームワークを可能にする。

・**現場での実践の違い**　リーン生産方式の目標はリーン構造モデル（図表3–4）に示したように，小ロット流しにあり，そのためには段取り替えの時間短縮が鍵となる。また，チームワークや，労働組合の状況がどうなっているかを日系と欧米系で比較観察した結果を図表8–4に示した。段取り時間短縮についての努力は日系の方が高く，チームワークに関してはブラジルでは問題がすぐに裁判沙汰になる傾向が明らかで相互信頼が不足していることが分かる。

8–2　提言

新興国の間では日本のものづくり，そしてリーン生産方式移転への要望が根強く存在する。最初，米国，英国，韓国，台湾，タイを中心に行われ，その後タイ以外の東南アジアの国々，インド，中央アジア，アフリカ，そして近年は，石油経済脱却を目指す中近東の国々が熱心に学ぼうとしている。リーン生産方式は，日本がこれらの国々に貢献できる極めて重要な経営技術である。しかし，これらの移転が必ずしも上手くいっているわけではない。

これまで述べてきたブラジル自動車産業の日系と欧米系との比較研究の調査結果およびその考察から，今後の新興国へのリーン生産方式移転の成功要因として，以下の6点を提案したい。

①　TQMの思想の再構築

ブラジルでのケースを通じ感じたことは，一部の企業で見られたトップダウンの原価低減の結果志向である。これらの傾向はブラジルに限らず多くの国でも見られることである。しかし，リーン生産方式の本来の考え方を振り返るとき，多くの点でTQMの思想をベースにしていることはよく知られた事実である。そこでTQMの原則を再度学ぶことが重要である。その原則と

図表8-5　TQMの特徴

3つの対象	しくみ System	各プロセスに共通の取り組みや，部門間にまたがる取り組み，また会社の方向性の決定と業務への展開など「しくみ」のQualityを高めます。	個人から組織までトータルな向上
	しごと Process	統計手法や言語データの整理法などを用いることで，それぞれのプロセスで最適な運用法を求め，その維持・向上を通じて「しごと」のQualityを高めます。	
	ひと Human resource	物事への視点や捉え方，思考フレームや手法の習得を通じて，合理的に物事を考え，行動できる人材を育成することで「ひと」のQualityを高めます。	
3つの視点	顧客志向 Customer oriented	品質はもとより，安全性や信頼性，価格などお客様から求められる価値を追究し，提供します。	自律性・目的性・仕事意識の醸成
	人間性尊重 Respect for human nature	はたらく人に負荷をかけるのではなく，主体的な取り組みを助長することによって効率や安全性，企業としてのパフォーマンスを向上させます。	
	利益創出 Creation of profit	顧客志向による顧客関係性の強化，自律的な企業パフォーマンスの向上を通じ，企業の利益創出に貢献します。	
3つの特性	組織的アプローチ Systematic approach	標準化を通した管理や，個別の取り組みの水平展開，企業方針との整合など，個別最適と全体最適のバランスを取った取り組みを進めます。	科学的な手法・方法論の活用
	プロセス重視 Process-oriented	結果のみを求めるのではなく，それを生み出すプロセスを重視し，その維持・改善を通して安全的かつ効果的に優れたアウトプットを得ます。	
	科学的アプローチ Scientific approach	物事を思い込みや思いつきで処理するのではなく，科学的な手法や考え方の手順，思考フレームを用いることで，より合理的かつ効果的な取り組みを実現します。	

出典：日科技連　https://www.juse.or.jp/tqm/about/03.html

は，日科技連の定義によれば，図表8-5に示されている3つの対象（しくみ，しごと，ひと），3つの視点（顧客志向，人間性尊重，利益創出），3つの特性（組織的アプローチ，プロセス重視，科学的アプローチ）である。大胆にまとめれば，品質第一，顧客志向，プロセス重視，そして，全員参加に集約される。自社の製品の品質を通じ，顧客満足を維持・向上させる活動であることがそもそもの出発点である。このことを再確認できれば短絡的な原価低減活動にはならないはずである。

② 「流れ」と「品質」に照準を合わせた指標の設定と活動の方向性の一致

大量生産方式とリーン生産方式の違いが分かりにくいため，従来の大量生産方式をリーン生産方式と間違えて実践しているケースがブラジルの企業で散見された。そのためには，図表7-5で示した「流れ」と「品質」を目標とする指標を設定し，全員でこれらの指標を達成するための活動にする必要がある。それらの指標とは，「リードタイム上の正味作業時間比率」と「直行率」に代表される。リードタイム上の正味作業時間比率とは，図表7-5で示されているように素材が工場に納入されてから製品になり出荷されるまでのトータル時間の中の，正味作業時間つまり，プレス加工時間，溶接時間，機械加工時間，組立時間の総和の比率で表す。東京大学の藤本隆宏教授の話では0.5%以上が優良といえる。直行率は，標準工程を標準作業に従って通過してきた製品の内，ラインオフ時に無修正で出荷可能な合格品と判定される製品の割合で，工程ごとの品質管理のレベルを表すのには極めて重要な指標である。99%以上を目標とする。この2つの指標で，リーン生産方式の移転の方向を「流れ」と「品質」に集中することができる。

③ 日系と欧米系の労働慣行の違いを埋める条件を議論し合意の上の契約

図表3-4のリーン生産方式の構造モデルで示したように，リーン生産方式は日本的労働慣行により成立している部分が大きい。つまり，長期雇用，職能制人事制度，そして企業内組合である。しかし，これらは日本以外の国ではほとんど存在しない制度である。これらの制度により実現した労使の信頼関係，異なる機能の社員の相互理解がインテグラル製品製造に必要なチーム

図表 8-6　労働慣行の違いを乗り越えるヒント

労働慣行	従来の日本的方法をグローバル適用方法へ	
職務分掌	大まかな役割定義	詳細な職務分掌をジョブ・ミッションによる柔軟な雇用契約へ変更
ストライキ	協調的な企業内組合	包括労務協定に話し合いによる問題の解決条項を入れストライキに訴えないように変更
チームワーク	目的を共有し，相互に助け合う	雇用契約にチームワークの定義と運用条件を入れチームで仕事をする体制へ変更
サプライヤー	信頼に基づく協力的なサプライヤー	独立志向の強いサプライヤーに，立入検査可能にし，内部情報の入手可能な契約に変更
モチベーション	動機付け要因のやりがい，自己実現中心	衛生要因の加味 報償やインセンティブ活用

出典：佐々木（2011）を参考に筆者作成

ワークを実現している。これらの慣行の存在しない国においては，意図的にこれらの条件を整備する必要がある。まず職務分掌であるが，日本以外では詳細にわたる仕事内容が定義され，そこに書かれている仕事以外はしないのが普通である。これを，大括りの，方向性を示すジョブ・ミッションのような表現に変えることでチームワークのベースを確立する必要がある。ストライキは顧客からの信頼関係を絶つ最も回避すべき活動である。これを避けるため，労働協定に問題があったらまず話し合いをする，何でも裁判沙汰にしないという条項を設ける。これによりかなりの部分は解決可能である。チームワークということが，仲が良いことと理解されているケースが多いが，チームワークの定義を明確にし，困ったときは相互に助け合うことを雇用契約に盛り込むことで明確化する。サプライヤーとの関係も，日本では信頼関係で結ばれている点が多いが，契約の中に，製造工程への立ち入り検査の可能性や経営情報の共有を可能にする条文を入れる必要がある（佐々木，2011）。モチベーションに関して，やりがいや自己実現が日本では強調されることが多いが，より分かりやすいインセンティブの活用が必要になろう。物的および評価的インセンティブを工夫する（図表 8-6）。

④　プロセス化，デジタル化の推進

「現場の神様」のような熟練エキスパートの OJT による暗黙知に富んだ人

図表 8-7　PDCA サイクルを明示するプロセスチャート

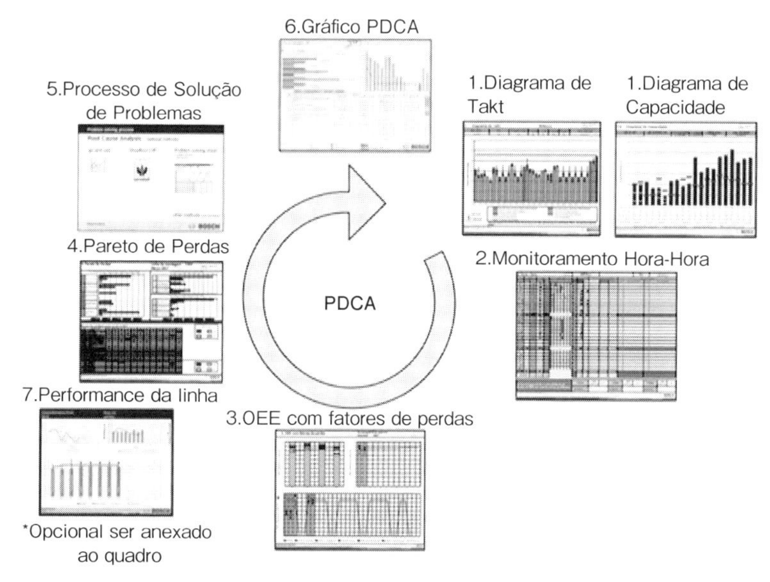

出典：あるドイツ系企業の社内資料

から人への移転の重要性は今後も変わらない。しかし同時並行的に活動のプロセス化，システム化，そしてデジタル化が必要になろう。

例えば，多くの日系企業では，リーン生産方式の教育・訓練に苦慮しているように思われた。人によりしっかりした教育マニュアルを独自に用意し活用している企業もあったが，多くの場合，あまり教育資料が用意されていないケースが多かった。そこで，e ラーニング手法の活用は有効と考える。カイゼンベース株式会社（https://www.kaizen-base.com/）はその意味で海外での教育に役立つものと思われる。順序だって，カイゼンの基礎，5 S，QC の 7 つ道具，TPM，トヨタ生産方式など全部で 22 講座が用意され分かりやすい。英語版または現地語版があれば理想的である。

また，現場においては，PDCA サイクルが回るようなプロセスの表示が大切になる。図表 8-7 はあるドイツ系企業のショップフロアコントロールに関するチャートである。1. タクトタイムの計算，能力の計算，2. 時間ごとのモニタリング，出来高，計画された停止時間，計画外の停止時間，不良など，3. OEE（総合設備効率）不良の原因分析，4. 不良のタイプのパレート図，5. 不良の原因追及の特性要因図分析，6. PDCA サイクルの全体図である，7. ライン毎のパフォーマンス。このようなカイゼンサイクルのプロセス化で PDCA が間違いなく回る仕組みを現場と共有している事例である。このようにカイゼンプロセスを PDCA サイクル化して表示することで参加者が理解し，共通の認識をもつことができる。

このようなチャートは，特に複数の部門間に関係する課題を的確に処理し，連携がもたらすカイゼンによる問題解決を促進することに役立つ。これ以外にも，さまざまな作業のプロセス化，見える化が可能である。可能な限り暗黙知と存在する仕組みをプロセス化して見える化することが次のデジタル化にもつながり重要である。

⑤　製造以外のバリュー・チェーンにリーン生産方式の考え方を適用

リーン生産方式は，IMVP 研究（ウォマック他，1990）によれば，図表8–8のように4つの要素から成立している（開発設計，製造，販売・ディーラー，サプライヤー）。これらが相互に密接に関係して組織能力を生み，競争力を獲得する。多くの企業では，リーン生産方式といえば製造に限られた活動が中心となっている。自動車の海外工場では開発設計はほとんど母国の本社に集中しているが，サプライヤーと販売・ディーラーの2つの機能は出先国でも十分に検討されるべきである。

販売・ディーラーとの関係は特に重要である。どんなに製造で QCD が改善されても，最終的に顧客の満足を得られなければ製品は売れない。ディー

図表8-8　リーン生産方式の4つの要素

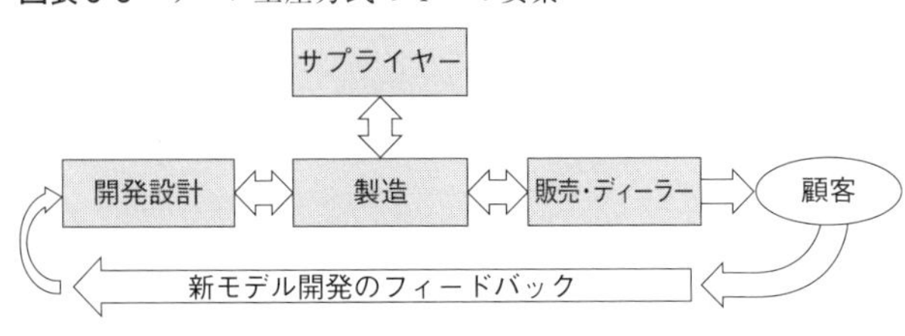

出典：筆者作成

ラーをイコール・パートナーとして位置付け，顧客を「生涯顧客」として位置づけた販売政策を考えなければ大きな機会損失を覚悟する必要がある。

また，自動車メーカーは製造コストの60〜70%を購入部品に充て，外部に依存している。部品サプライヤーも共存共栄のパートナーとして扱い，協力して競争力を獲得する仕組みを作り込まなければ，ここでも大きな機会損失を被ることになる。

⑥ 「縦型カイゼン」から「横型カイゼン」への転換

前述②のポイントと類似した点になるが，自動車産業以外でも有効なカイゼンという視点から再度強調したい。

この転換が有効である最大の理由は，時代が「モノ不足」から「モノ余り」へと変化したことにある。「モノ不足」に時代は，製造企業の作りやすい方法での生産が可能で，それによりコストが下がり，品質が向上した。こうした結果には当時開発された科学的管理法やインダストリアル・エンジニアリング（IE）が大きな力を発揮した。しかし，その後，1990年以降モノがあふれる状態になり，顧客の必要なものを，必要な時に，必要な分だけ供給する能力が徐々に重要となった。この時代に優位性を発揮したのが，トヨタ生産方式である。流れ（ジャスト・イン・タイム）と自働化を2本柱とする生産方法である。

しかし，大量生産方式も，トヨタ生産方式も採用している管理技術（科学的管理法やIE）が同じであるため，企業はこの変化に気づきにくい。言ってみれば，大量生産方式で縦型（部門別）のカイゼンが中心であったものを，トヨタ生産方式の横型（部門横断的）のカイゼンを中心としたものに変えなければいけないのだが，この大きな変化（縦から横）がなかなか理解されないのが現状である。今回調査した日系企業も欧米系企業も例外なく「方針管理」を実践していた。方針管理は全員参加を促す良い仕組みであるが使い方によっては課題もある。方針管理では，必ず全社方針が決まった後に，部門別に展開される。つまり「縦型」の課題設定で，縦型のKPI設定（例えば，部門別稼働率，部門別原価低減等）となり，加えてその定期的フォローとなるため，自部門最適活動になりやすく，他部門との横の関係を考え

図表 8-9　大量生産方式からトヨタ生産方式への転換

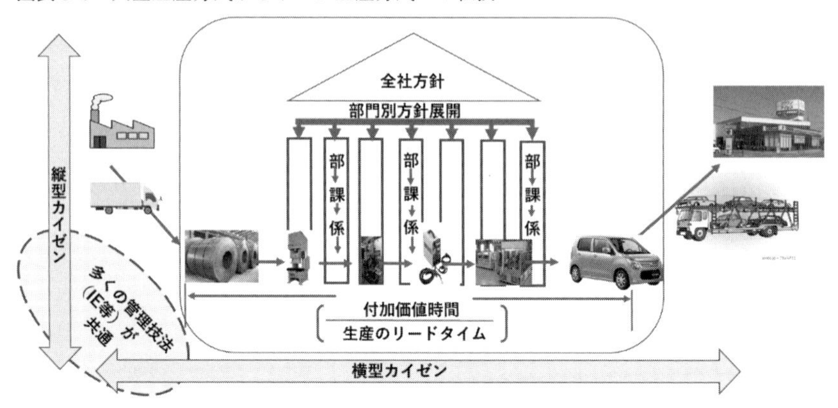

出典：筆者作成

ることがほとんどない。そのため「横型」の課題設定（例えば，「リードタイム中の付加価値時間比率」）が困難になる傾向がある。組織経営においては，KPI の設定内容で活動の方向性がほぼ決定される。トヨタ生産方式への転換を望むなら，KPI に「リードダイム中の付加価値時間比率」を加えることが最も分かりやすい。もちろん，縦型カイゼンも重要であることに変わりはないが，上記の点に十分に留意すべきであろう。

参考文献：

Curtis, B., Hefley, W. E., & Miller, S. A.(2009). *People CMM : A Framework for Human Capital Management* (2nd Ed.), Addison-Wesley Professional.

Gonçalreo F. F., Guimarães, I. A., & Bagno, R. B. (2014). *Manufatura de Classe Mundial (WCM) como uma Jornada de Mudança Organizacional : O Caso de uma Rade de Fornecedores da Industria Automobilistica,* EMEPRO 2014.

ウォマック, J. P., ルース, D., & ジョーンズ, D. T. 著，沢田博訳（1990）『リーン生産方式が，世界の自動車産業をこう変える。―最強の日本車メーカーを欧米が追い越す日』経済界

佐々木久臣（2011）『新興国に最強工場をつくる』日経 BP 社

塚田先生の出版を記念して

関東学院大学・経済経営研究所・所長
中泉　拓也

塚田先生は，香川大学を退職後，2015年より本学経済経営研究所の客員研究員として赴任され，科研費（B）「グローバル化を支える技術移転の在り方に関する研究―自動車産業のブラジル展開―」（2013－2017）の代表者を務められた他，2017，2018年度は関東学院大学・経済経営研究所において，小職が代表を務める所長プロジェクトに参画されました。客員研究員として，先生は主にブラジルの日系自動車産業の現地展開のヒアリング調査を中心に研究を精力的に行われました。このたびその成果を本書にまとめられ，出版されることになった次第です。

小職の専門はゲーム理論の応用，特に不完備契約理論の産業組織論への応用です。本書の主要テーマである自動車産業，なかでもトヨタシステムを中心に，故浅沼万里先生の研究を理論的に説明することを目指してきました。また，本学名誉教授の清晌一郎先生の基盤研究（B）「自動車産業における国際的再編がサプライヤーに与える影響に関する調査」（2002－2004）の分担者として，日本のみならず，欧州，中国の自動車産業の現地工場の調査に同行することができました。そういった経緯もあり，塚田先生の研究には高い関心を持っていました。

今回の出版では，先ず，第1章でブラジルの自動車産業の現状を概説したのち，第2章でブラジルの固有環境について，特にトヨタ方式のブラジルへの移転に伴う論点について，世界で初めて体系的に整理することに成功しています。

さらに，塚田先生のみならず，ブラジル現地の大学の研究者も寄稿され，巻頭言を本学名誉教授の清晌一郎先生が担当するなど，国際的な研究の広がりを見せているところにまず賞賛すべき点があります。また，トヨタシステムのみならず，途上国への自動車，機械，ハイテク産業の移転の際に着目すべきポイントについても示されており，幅広い分野で応用できるものとなっています。小職としても，本書を参考にし，今後の研究に大いに役立てていきたいと思います。

最後に，塚田先生の今後の更なる研究の発展を祈念して，終わりの言葉としたいと思います。

2019 年 1 月 15 日

人名索引

【和文】

あ行

か行

さ行

た行

な行

は行

ま行

や行

ら行

わ行

組織名・企業名索引

【日系企業名】

事項索引

S

T

V

W

X

【和文】

あ行

か行

さ行

た行

な行

は行

ま行

や行

ら行

わ行

■編著者紹介

塚田 修（第1章，第3章–第8章執筆，第2章訳）

現在，関東学院大学　経済経営研究所　客員研究員。元香川大学大学院地域マネジメント科教授。
早稲田大学大学院　理工学研究科，McGill大学MBA，一橋大学大学院博士課程修了，経営学博士。
スイス多国籍企業で日本，コロンビア，チリで勤務，その後，米国企業の日本法人勤務。香川大学大学院　地域マネジメント科教授。国際経営，戦略論，知識創造に興味を持ち，現在，カイゼンのグローバル展開に従事している。

■執筆者紹介（掲載順）

Ugo Ibusuki（第2章2–1，2–6執筆）

現在，ブラジル連邦大学UFABC教授，工学修士（Poli–USP，2003年），経営学修士（FGV–AESP，2007年），経営博士（早稲田大学，2011年）。Product & Production managementやリーン生産方式，ビジネスプラン開発，イノベーション・マネジメントに重点を置いて研究。ドイツ系自動車企業のエグゼクティブとして18年以上勤務経験。

Luiz Carlos Di Serio（第2章2–2，2–3）

現在，ブラジルFGV（Fundacao Geturio Varugas）大学教授，生産管理担当。サンパウロ大学にて博士学位取得。製品，プロセス，品質，情報技術と産業オートメーションの開発管理が研究分野。22年以上民間企業での経験。

Alexandre de Vicente de Bitter（第2章2–2，2–3執筆）

現在，FGV大学ビジネススクールの博士課程。FGV Onlineの学部，専門家，MBAプログラムに携わる。サンパウロ大学卒業後，複数の企業におけるサプライチェーンマネジメント，ロジスティクス，調達，購買，対外貿易のエグゼクティブとして24年以上の経験を持つ。

Carlos Sakuramoto（第2章2–2，2–3執筆）

現在，General Motors Mercosurの技術＆イノベーションマネージャー。ブラジル自動車技術協会（AEA）の製造ディレクター，フラウンホーファーITA／CCMプロジェクトセンターの理事会メンバー。FGV大学で博士学位取得。ITA大学卒業。

Emilio Carlos Baraldi（第2章2–4執筆）

現在サンパウロ大学で博士学位取得後，サンパウロ大学で研究者として活動。ドイツ系大手自動車会社で生産工学エンジニアとして長年勤務経験。

Erik Pascoal（第2章2–5執筆）

現在，リオデジャネイロ州立大学（UERJ）の工学部教授。サンパウロ州立大学（UNESP）から2015年に博士学位取得。2007年にはリオデジャネイロ連邦大学（COPPE／UFRJ）生産工学，1995年にミナスジェライス連邦大学（UFMG）機械工学。民間事務機械会社およびフランス系自動車会社で20年間の経験。

■トヨタ生産方式の海外移転手法の解析
ケーススタディ：ブラジル自動車産業

■発行日――2019年7月16日　初版発行　〈検印省略〉

■編著者――塚田　修
■発行者――大矢栄一郎
■発行所――株式会社　白桃書房
〒101-0021　東京都千代田区外神田5-1-15
☎03-3836-4781　Ⓕ03-3836-9370　振替00100-4-20192
http://www.hakutou.co.jp/

■印刷・製本――亜細亜印刷株式会社

ISBN 978-4-561-22730-4　C3034

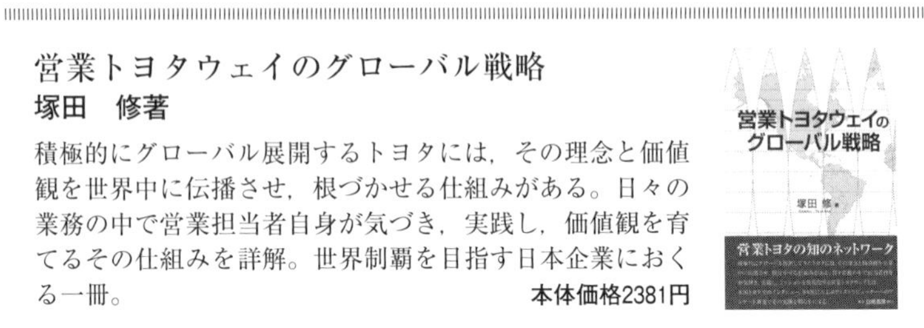

ドキュメント
トヨタの
製品開発
トヨタ主査制度の
戦略，開発，制覇の記録
安達瑛二
次世代の
ものづくりの
現場に
語り継ぐ。

日系企業の
知識と
組織のマネジメント
境界線のマネジメントからとらえた
知識移転メカニズム
西脇暢子

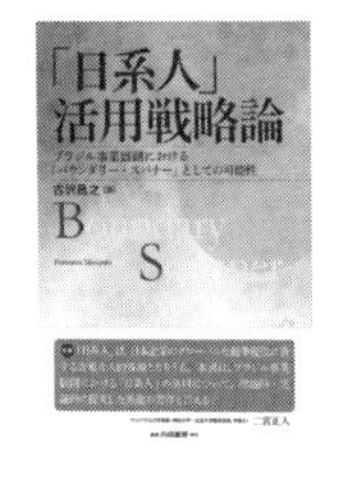

「日系人」
活用戦略論